Achim Neumair | Renato Frees

Chefs – Aufzucht, Haltung und Pflege

Achim Neumair
Renato Frees

Chefs – Aufzucht, Haltung und Pflege

REDLINE | VERLAG

Bibliografische Information der Deutschen Nationalbibliothek:
Die Deutsche Nationalbibliothek verzeichnet diese Publikation in der Deutschen Nationalbibliografie; detaillierte bibliografische Daten sind im Internet über http://d-nb.de abrufbar.

Für Fragen und Anregungen:
neumair@redline-verlag.de
frees@redline-verlag.de

1. Auflage 2012

Nymphenburger Straße 86
D-80636 München
Tel.: 089 651285-0
Fax: 089 652096

Umschlagabbildung: iStockphoto.com
Bildnachweise: Shutterstock.com (andernfalls siehe Bildunterschrift)
Satz: Georg Stadler, München
Druck: Konrad Triltsch GmbH, Ochsenfurt
Printed in Germany

ISBN Print 978-3-86881-352-4
ISBN E-Book (PDF) 978-3-86414-289-5

Weitere Informationen zum Verlag finden Sie unter

www.redline-verlag.de

Beachten Sie auch unsere weiteren Verlage unter
www.muenchner-verlagsgruppe.de

Inhalt

Vom Glück, der Chef zu sein

Herzlichen Dank, dass Sie Ihre mühsam verdienten Kröten an der Bücherkiste in dieses wegweisende und wundervolle Buch investiert haben. Sie werden schnell merken: »Ich bin also kein Einzelschicksal.« Kurz nachdem der Mensch die Höhle verlassen hat, zeigte sein Weg schnurstracks in die Hölle. Dort wo viele Menschen unter Anleitung von Dritten Dinge tun, deren Sinn sie schon längst nicht mehr suchen. Und diese Dritten sind, ganz wie der Kieferorthopäde sagt, meistens das größte Problem. Weil man nie weiß, was »Er« oder »Sie« jetzt gerade wieder will. Das hat jetzt ein Ende – endlich können Sie Ihren Chef einordnen, und natürlich gibt dieses Machwerk der Persönlichkeitsanalyse auch wertvolle Tipps für den alltäglichen Umgang. Mit dem geschulten Auge eines Zoologen werden Sie künftig durch die Büro-Safari touren. Und sollten Sie selbst zur Führungselite dieses Landes gehören, enthält dieses Buch unverzichtbare Lektionen, die sowohl Hilfestellung beim Erklimmen der Karriereleiter bieten als auch als Inspirationsquelle zum Ausbau der Autorität und der Unterstreichung Ihrer Kompetenzen dienen können.

Übereinstimmungen mit der real existierenden Welt zwischen Parkdeck, Kantine und Großraumbüro sind nicht zufällig, sondern selbstverständlich sauber recherchiert, selbst erlebt oder zumindest wahrheitsähnlich zusammenfantasiert.

Die Autoren entschuldigen sich bei sämtlichen Mehr- und Minderheiten, die jetzt auch noch schwarz auf weiß ihr Fett wegbekommen.

Viel Spaß beim Arbeiten – oder besser: beim Lesen

Büro-Humor, wie er früher war

Witze, lustige Begebenheiten und gemeine Pointen, auf eine zeitgenössische Unterlage gemalt, gezeichnet oder gehämmert, gehören zum Arbeitsleben, seit es Büros gibt. Bürowitze sind ein Spiegelbild der technischen Entwicklung, die in den 1990er Jahren in etwa so aussah: Witz in Word-Art gestalten, speichern, drucken, aufhängen, kichern, weiterarbeiten. In den Nullerjahren kamen dann Internetkettenbriefe, verteufelte Powerpoint-Präsentationen und Motto-Kaffeetassen dazu. Erst das Web 2.0 machte es möglich, die besten Gags der 80er, 90er und die Knaller von heute einfach abzufotografieren. Und dann im benachbarten sozialen Netzwerk hochladen (z. B. Facebook, StudiVZ o. Ä.), und dann lachen die Kollegen und Leidensgenossen auf der ganzen Welt. Als kleinen Appetizer – bevor Sie mit abendfüllenden Humortiraden der Zukunft in Kontakt kommen – kommen hier vier ausgewählte und für ganz okay befundene Faksimile des Bürohumors 1990–2009 AD.

Hallo Chef,

leider ist es mir diese Woche nicht möglich zur Arbeit zu kommen:
das Wetter zwingt mich dazu, zu Hause zu bleiben.
Vor meiner Haustür liegen 20 cm Schnee.
Anbei sende ich ein Beweisfoto.

Mit freundlichen Grüßen,

Oliver H.

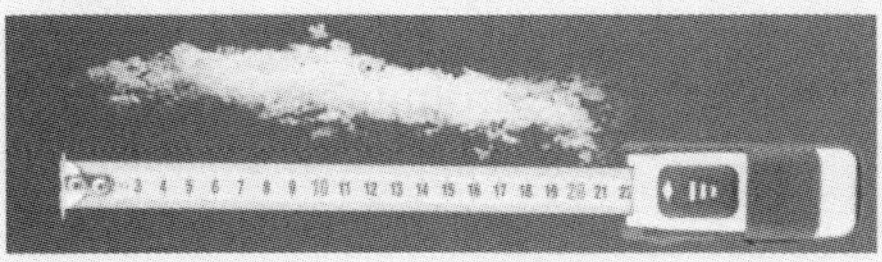

BITTE DIE TÜR GESCHLOSSEN HALTEN! DANKE!!!!!!

BITTE KEINE COMIC SANS VERWENDEN – WIR SIND EIN DAX-UNTERNEHMEN UND KEIN LIMONADENSTAND!

WILLKOMMEN IM TEAM

Sie sind neu! Sie sind Entdecker! Sie sind der Christoph Kolumbus der Bürowelt. Auch wenn Sie nur Leichtmatrose sind und nach Höherem streben – Fakt ist: Sie wollen nach langen Qualen Ihre »Alte Welt» verlassen, um sich fortan mit den hiesigen Eingeborenen einzulassen. Sie erkunden die Eigenheiten des Stammesältesten und versuchen Teil seiner Dorfgemeinschaft zu werden. Dieses Kapitel hilft Ihnen, herauszufinden, was sich seit 1492 grundlegend geändert hat. Das Survial-Paket für die erste Phase im Abenteuer »Berufsleben«.

Sympathiebekundung

Chef zum Angestellten: »Wissen Sie, ich mag Sie. Sie erinnern mich an mich selbst, als ich noch jung und naiv war.«

Warum Sie Imagebildern auf Firmenwebseiten nicht trauen können und was sie tatsächlich bedeuten

Hurra! Wir hier bei Firma XY sind ein tolles Team. Seitdem der Chef sich die paar Flunsen auf seinem Kopf endgültig abrasiert hat und sich diesen Bart vom Typ »Macher« (oder eher »Sittlichkeitsverbrecher«) hat stehen lassen, läuft alles besser.

Die hochgekrempelten Ärmel signalisieren schon: Hier wird nächtelang hemmungslos durchentschieden. Der Boss schafft es damit, auch ehemalige Models in seinen Bann zu ziehen. Die weibliche Belegschaft klebt förmlich an seinen Lippen, und was unterm Tisch auf der rechten Seite abgeht, wird sorgfältig verschwiegen. Erfolg funktioniert eben nur durch Diskretion! Deshalb werden auch die Aufzeichnungen des Musterschülers und Einser-BWLers auf der linken Seite sofort nach dem Meeting gehäckselt. Alle Lösungen sind nämlich sooooo einfach – man muss nur drauf kommen! Brünette Frauen oder blonde Männer brauchen sich im Übrigen gar nicht erst zu bewerben, das passt nicht zur Corporate Identity.

In der Forschungsabteilung unseres marktbeherrschenden Unternehmens arbeiten ausschließlich junge und gutfrisierte Wissenschaftler. Während sich bei der Konkurrenz die extrovertierten Mitarbeiter beim Reden maximal auf die Schuhe sehen, trifft man sich hier neben der üblichen Arbeit im digitalen Workspace. Und das im gefühlten Stundentakt – natürlich an einer Wand. Dann betrachtet man gemeinsam den Fluchtplan im Fall eines Gebäudebrandes/Atomangriffs. Das ist zunächst auch mal Sache der männlichen Belegschaft, und die interessierten Frauen nehmen hier sicherlich viel für ihr weiteres Leben mit. Klar ist: Alle treffen sich um vierzehnhundert auf dem Parkplatz, dann wird durchgezählt. Verstanden? Verstanden. Dann bis in einer Stunde!

Besonderes Augenmerk legt unser äußerst soziales Unternehmen auf die Integration intellektuell eher herausgeforderter Menschen. Meistens arbeiten sie in Zweierteams zusammen, wo erwiesenermaßen erfolgreich gelernt wird, wie man die Shift-Taste mit zwei Fingern bedient. Ein weiterer wichtiger Lerninhalt ist das farbige Markieren von eventuellen Fehlern direkt auf dem Monitor. Um die Fortschritte nachvollziehbar zu machen, bekommen die Mitarbeiter Notizbücher, die laut Firmenregel unter dem rechten Arm zu liegen haben. Darüber sollte man sich keine Gedanken machen, schließlich liefert der normale Alltag schon genug Probleme.

Vorsicht bei der Kostümwahl! Damen in hellen Oberteilen stehen bei uns automatisch unter Sonderbeobachtung. Jede E-Mail wird eigens vom Vorstand, der Rechtsabteilung und der Gleichstellungsbeauftragten gegengelesen. Da bleibt leider keine Zeit, um das ehemals perlende Wasser zu trinken. Unsere Partner in Asien oder Amerika warten dringend auf diesen Bericht. Der leicht naive Charme der Hornbrille entspricht zwar den Fantasien des Abteilungsleiters, hilft aber der Formulierung des Anschreibens in Mandarin eher wenig.

Dank der neuinstallierten Klimaanlage in unserer Buchhaltung wird jegliche Form der Drüsenaktivität unterbunden. Statt einer Mittagspause reicht es den – auf den Punkt ausgelasteten – Arbeitnehmern, sich einfach kurz zu räkeln. Nebenbei signalisieren unsere Young Professionals damit auch den Takt ihrer inneren Eieruhr und freuen sich über eine Dinner-Einladung nach Feierabend.

Natürlich ist das Surfen für private Zwecke erlaubt. Sofern Sie einen eigenen Dienstcomputer haben. Wir sind davon überzeugt, dass es die Gemeinschaft stärkt, sich in Kleingruppen pikante Bilder von Kollegen während der letzten Weihnachtsfeier anzuschauen. Denn als Marktführer müssen wir uns immer neue Gegner suchen – warum nicht im eigenen Büro.

Auch unsere älteren Mitarbeiter sind neuen Medien gegenüber aufgeschlossen und kontrollieren eigenhändig die Richtigkeit digital vermittelter Börsenkurse im Vergleich zu den gedruckten Daten von gestern Abend.

Durch ein ausgeklügeltes Sozialsystem sind wir in der Lage, unsere Betriebs-Best-Ager beim Kauf von farblich abgestimmten Haarteilen mit einem Anteil von bis zu 75 Prozent zu unterstützen. Gleiches gilt für die als Sammelposten angeschafften Kassengestelle, die in der Kaffeeküche zum Probetragen ausliegen.

Unsere Firma hat eine bestechend lange Tradition im Umgang mit neutral dreinblickenden Mitarbeitern. Es war uns stets ein Anliegen, die technischen Arbeitsmittel auf dem neuesten Stand zu halten. So haben wir bereits kurz nach der Jahrtausendwende alle Brieftauben zu einem herzhaften Hühnerfrikassee verarbeitet und bis heute keine Beschwerden erhalten. Aus Gründen der Gleichstellung besteht keine Krawattenpflicht mehr für weibliche Mitarbeiter. Gleiches gilt für Schnauzbärte und Hochräder.

Rein architektonisch haben wir uns damals so richtig aus dem Fenster gelehnt. Viel Freiheit nach oben (zum Denken), und seit der letzten krisenbedingten Entlassungswelle ist auch seitlich wieder etwas mehr Platz. Ach ja, die Regale sind extra aufgemalt worden – alles, was Sie wissen müssen, wird sowieso auf dem Flur getratscht.

Wir sind traditionell ein sehr familienfreundliches Unternehmen! Immerhin hat der Sohn des Chefs letztes Jahr die Gesamtleitung übernommen und wegen der hundsmiserablen Jahresbilanz mussten wir leider zuerst die firmeneigene KITA schließen. Seitdem ist zwar der Betriebsrat auf den Barrikaden, aber wir finden es doch auch schön, dass die lieben Kleinen jetzt wieder näher am Arbeitsplatz ihrer Eltern sind. Hauptsache, die Bälger halten Sie nicht vom Arbeiten ab, sonst hagelt es Überstunden. Fragen Sie also doch mal Ihre Eltern, ob die familienfreundlich sein könnten.

Erfolg ist eine tragende Säule unseres Unternehmens. Wenn Sie einen Lauf haben, dauert es nicht lang, bis die ersten Schulterklopfer kommen und ihnen den Platz ganz vorne freimachen. Da bläst nämlich der Fön auch am stärksten, wenn die Sache wieder andersrum läuft. Langjährige Mitarbeiter haben eben schon viele Yuppies kommen und gehen sehen.

Besonders viel Spaß hatte unser Ausbildungsjahrgang 2008/10 zur Bürokauffrau/-mann. Sie waren dankbar für die qualifizierte Ausbildung, die sie in unserem Unternehmen genossen haben. Dabei versuchen wir vor allem unserer sozialen Verantwortung in der Region gerecht zu werden und stellen Kinder von Angestellten unabhängig vom Bildungsgrad und Haarschnitt ein. Ein »lustiges« Abschlussfoto ist natürlich auch drin (Unkostenbeitrag: 7,50 €).

Wenn einer der Kollegen gerade mal »klein« muss, sind die restlichen Büromitglieder gerne bereit, die Chance zu nutzen und den ungesicherten PC für den ein oder anderen »lustigen Gag« zu nutzen: Ein Facebook-Post à la »Kann man die Legionärskrankheit bekommen, wenn man nicht gedient hat?«, den Minesweeper-Highscore löschen oder einfach mal eine Mail an den ganz großen Verteiler zu schicken. Denn in unserem Unternehmen ist immer Zeit und Raum für gezieltes Mobbing, da das unserer Auffassung nach die natürliche Selektion beschleunigt.

Aus besonderer Rücksichtnahme und dem Ergebnis einer nicht repräsentativen Intranet-Umfrage zufolge gilt für Frauen in den Stockwerken 2 bis 9 eine generelle Helmpflicht. Dadurch verspricht sich die Geschäftsleitung einerseits eine Reduzierung der Fehltage infolge von Kopfweh. Andererseits dient der Helm auch der Senkung der sexuellen Strahlkraft. Außer natürlich, Sie fühlen sich von Frauen in Helmen angezogen. In den großen Papprollen tragen Frauen vertrauliche und sonnenempfindliche Informationen tagelang quer durch das Bürogebäude. Diese Innovation hat die Rohrpost 1993 ersetzt und hilft die Kommunikationsstruktur unseres Global Players auf ein konkurrenzfähiges Niveau zu heben.

Die absolute Innovation in unserem neuen Bürokomplex »Z5«, den wir 2009 eingeweiht haben, ist die sogenannte Zeitmaschine. Darin ist es uns mittels Teilchenbeschleunigung möglich, einzelne Mitarbeiter schneller von A nach B zu transferieren. Wir sparen dadurch Beförderungskosten und Spesen, und Sie sparen die lästigen Dienstreiseanträge. Aufgrund der Hyperbeschleunigung kommen Sie bestenfalls früher an als sie losgegangen sind, wodurch das Ausfüllen eines solchen Antrags weder steuerlich noch versicherungstechnisch sinnvoll ist. Das

Unternehmen ist dadurch in der Lage, pro Außendienstmitarbeiter bis zu 96 Kundentermine pro Tag zu planen. Unsere Zielerreichungsquote hat sich so seit 2009 um 800 Prozent gesteigert. Einzig sechs Mitarbeiter sind bisher im Zeit-Raum-Kontinuum verschollen, falls Ihnen also zufällig verschwommene Personen auf der Straße begegnen sollten, wenden Sie sich an die zuständige Polizeistation.

Endlich haben Sie die Chance zu zeigen, dass sich Ihre Waldorf-Schulbildung gelohnt hat. Im Rahmen Ihrer 80-Stunden-Woche, die als Führungsfigur absolut üblich ist, haben Sie Zeit genug Börsencharts nach- und auszumalen. Lassen Sie Ihrer Kreativität freien Lauf und kommen Sie zu unkonventionellen Lösungsansätzen. Durch eine relativ verkrampfte Stifthaltung stellen Sie sicher, bald in Handkur zu gehen oder auf Linkshänder umzuschulen. Vorsicht: Wenn Sie spontane Müdigkeit heimsuchen sollte, knallen Sie direkt auf Ihr Fielmann-Gestell.

Arbeiten wo andere Urlaub machen! Und natürlich auch: Arbeiten *wenn* andere Urlaub machen. Zum Beispiel mit Ihnen. Während Sie sich im leichten Leinen-Dress den aktuellen Kurszahlen widmen und »noch schnell ein, zwei E-Mails schreiben«, verliebt sich ihre Lebensabschnittspartnerin gerade in den muskulösen Surflehrer. Weil das Roaming aber zu teuer ist, werden Sie weder eine verlogene SMS noch eine entschuldigende Mail bekommen. Aber die Änderung ihres Beziehungsstatus bei Facebook wird Ihnen auf jeden Fall mitgeteilt. Was die Arbeit zusätzlich erschwert, ist das spiegelnde Display und die Sandkörner im USB-Slot. Aber für den Dienst-PC gilt: »Don't be gentle – it's a rental.«

Geben Sie Drogen keine Chance. Gerade in der heutigen, von Leistungsdruck geprägten Welt, verfällt man schnell den Verlockungen der vermeintlich fördernden Wirkung von Aufputschmitteln und Durchhaltesubstanzen. Doch lassen Sie sich gesagt sein: Die Rechnung geht nicht auf, Sie zahlen einen hohen Preis. Ihr Gehirn weicht auf, und nicht selten kommt es zu schweren Halluzinationen. Das allein wäre ja nicht so schlimm. Richtig gemein wird es erst, wenn Sie Ihren Büronachbarn nicht mehr vom Chef und Mann nicht mehr von Frau unterscheiden können. Das »Graumännchen-Syndrom« zählt heute zu den größten durch Drogen verursachten Problemen am Arbeitsplatz. Die Weltgesundheitsbehörde WHO empfiehlt bei häufigem Auftreten dieser Erscheinung, unbedingt einen Psychiater aufzusuchen bzw. dreimal laut die Formel »Euch gibt es gar nicht wirklich – weichet, ihr Dämonen!« auszusprechen. Leider ohne Gelinggarantie.

Auch wenn jetzt eine Welt für Sie zusammenbricht: Magie gibt es nicht. Nur Illusionen. Hätten Sie Ihren gewohnten Job, nur bei David Copperfield, wäre alles genau so, wie es jetzt ist. Mit dem Unterschied, dass Ihr Boss ständig mit seinen ausdrucksstarken Augenbrauen wackelt und ausladende, dramatische Gesten mit den Armen macht. Wenn er Ihnen einen Stapel Akten zum Bearbeiten auf den Tisch legt, wirbelt er anschließend mit den Fingern darüber und haucht »It's magic.« Lassen Sie sich nicht hinters Licht führen – denken Sie stets daran, dass Magie nur durch Ablenkung funktioniert und im Allgemeinen nichts weiter ist als ein Taschenspielertrick. Besonders dann, wenn Ihr Chef über sein Unternehmen als »Global Player« spricht. Sollte er mal wieder mit dem Glasglobus aus dem Sekretariat geschlichen kommen, dann wissen Sie: Es ist wieder Zeit für Kaninchen, die aus Hüten gezogen werden. Daran können Sie nichts ändern, Sie können lediglich versuchen, nicht selbst das Kaninchen zu sein. Oder der Hut.

Sie schweben auf Wolke 7! Endlich haben Sie sich getraut, die Kollegin aus dem Marketing nach mehreren glücklosen Ansprech-Versuchen auf einen Schoko-Pudding in der Kantine einzuladen? Und sie hat sich wirklich für die Probleme und Vorgänge auf Ihrem Stockwerk interessiert? Hurra! Aber vielleicht hat Sie Ihr Chef auch gerade zum Mond geschossen, und weil Sie vor lauter Frühlingsgefühlen nicht ganz bei der Sache sind, bringen Sie da was durcheinander. In beiden Fällen schlagen Sie hart auf, nur die Flugdauer kann differieren.

Vorsicht, wenn Ihr Chef bereits beim ersten Kennenlernen davon spricht, dass er ein »Maniac« sei, ein »Wahnsinniger«, der »verrückt nach seiner Arbeit« ist. Das muss nicht immer eine sympathische Übertreibung sein, sondern kann durchaus der Wahrheit entsprechen. Achten Sie auf kleine Anzeichen wie nervöses Augenzwinkern, zuckende Mundwinkel, grundloses hysterisches Gelächter – und vor allem: Versuchen Sie, einen Blick auf seinen Notizblock oder seinen Flipchart zu ergattern. Ergibt das, was Sie dort sehen, irgendeinen Sinn? Oder tauchen darin Texte in einer Fantasiesprache auf? Enthalten die Notizen Selbstaufforderungen zu Gewalttaten oder andere gefährlich wirkende Ausdrücke? Sollte dies der Fall sein, meiden Sie Ihren Chef. Manchmal reicht schon ein kleiner Funke, um eine Katastrophe auszulösen, in der auch Sie eine Rolle spielen könnten. In Läden wie diesem besteht unbedingte Helmpflicht. Eine schusssichere Weste schadet ebenfalls nicht.

Was Sie (nur bedingt) beim Vorstellungsgespräch sagen sollten

- Ja, ganz nätt – aberr wahnn iest frei?
- … und ich erst – ich war noch gar nicht zu Hause! Sagen Sie mal, riechen Sie auch noch so nach Alkohol?
- Ich hab noch Dillhäppchen von letzter Woche mitgebracht. Die könnte ich warm machen. Jemand Hunger?
- Hier könnte auch mal wieder nass durchgewischt werden.
- Wäre es möglich, dass ich hier abgelaufene Lebensmittel für meine Kakerlakenzucht bekomme?
- Ihre Frau/Ihr Mann ist sicher auch nicht die hellste Kerze auf der Torte.
- Ich bräuchte allerdings einen Dienstwagen. Einen großen Dienstwagen – kleine Autos lassen mich dick aussehen.
- Dienstbeginn um acht? Meine Religion verbietet mir leider vor zehn Uhr vormittags zu arbeiten.
- Ich hoffe, hier wird vor jeder Mahlzeit gebetet.
- Wo ist denn hier der Swimmingpool?

Das Ende der Sucht

Chef: Rauchen Sie?

Bewerber: Nur wenn ich Alkohol trinke. Aber ich gewöhne es mir gerade ganz ab, weil man ja am Arbeitsplatz nicht mehr rauchen darf.

10 Argumente, falls Sie sich beim Vorstellungsgespräch für den falschen Dresscode entschieden haben

1. Nach der Flucht aus (dem Zwei-Sterne-Ressort-Hotel in) Ostpreußen ist diese Badehose alles, was mir geblieben ist.
2. Ich habe mich extra für einen atmungsaktiven Jogging-Anzug entschieden, um meine zukünftigen Kollegen nicht durch meinen abartigen Schweißgeruch zu belästigen.
3. Das ist kein Rock, das ist ein Gürtel. Der war teuer.
4. Wenn ich gewusst hätte, dass Lukas Podolski nicht Ihr Lieblingsspieler ist, hätte ich was anderes draufflocken lassen.
5. Dieses U2-T-Shirt hab' ich nach der Europa-Tournee 1996 für die Hälfte bekommen. Eigentlich mag ich die Band gar nicht.
6. Die Manschettenknöpfe lege ich natürlich ab, bevor ich die CNC-Fräse starte.
7. Ich könnte in der Mittagspause, zur Teambildung quasi, den anderen zeigen, wie sie auch so schöne Batik-Shirts ganz leicht selber machen können.
8. Ja, das mit der Hose hab ich vergessen. Aber die Fortbildungszeugnisse könnte ich bis Ende nächster Woche nachreichen.
9. Wenn Sie mir sagen, wo der Lastenaufzug ist, werde ich versuchen in Zukunft nicht mehr die Drehtüre mit der Federboa und den Engelsflügeln zu blockieren.
10. Ja gut, das sieht vielleicht etwas kindisch aus, aber Ihr Hemd ist sicher auch schon mindestens 15 Jahre alt.

10 nicht überprüfbare, aber angesehene Berufsstationen für jeden Lebenslauf

1. **Zellforscher im Familienbetrieb** (Pflegedienst bei den Großeltern)
2. **Chauffeurtätigkeiten** (Geschwister vom Flötenunterricht abgeholt)
3. **Agrarguttransfer** (Canabisschmuggel aus dem benachbarten Ausland)
4. **Nachhaltigkeitsbeauftrager im Bereich Nutzgüter** (Alle Arten von Schuhputzarbeiten und Möbelrestauration)
5. **Entwicklungshilfe** (Aufzucht von Urzeitkrebsen)
6. **Head of Coordination** (Libero bei der Thekenmannschaft)
7. **Solartechnik** (Jalousie-Installation)
8. **Gefahrguttransport** (Kleinkind mit ansteckender Krankheit in öffentlichem Verkehrsmittel mindestens zwei Stationen auf dem Nebensitz begleitet)
9. **Projektarbeit** (nur im Raum Berlin zulässig)
10. **Lobbytätigkeit** (Längeres Verweilen in Hotelhallen)

Ist der Chef/die Chefin Ihre Kragenweite?

Ob Kleider nun Leute machen oder nicht, sei im Büroalltag mal dahingestellt. Fest steht allerdings, dass jede noch so schlampig zusammengestellte Garderobe etwas über ihren Träger aussagen soll, was durchaus nicht immer gelingt. Besonders in den Chefetagen. Hier tummeln sich die verschiedensten Kostümierungen, denn längst ist es nicht mehr der dunkelblaue Zweiteiler mit Oberhemd und dezent gemusterter Krawatte, der die obersten Hierarchieebenen prägt. Der Boss ist heute rein optisch manchmal kaum mehr vom Facility Management zu unterscheiden, und selbst der Pförtner ist bisweilen förmlicher und somit angemessener gekleidet als der Kopf des Unternehmens. Wollten Chefs früher einmal durch besonders anspruchsvolle oder teure Kleidung Welterfahrenheit, Stilsicherheit und Status betonen, wird heute mehr Wert auf »Nähe zur Belegschaft«, Kreativität und Individualität gelegt. Zumindest soll es so aussehen, wenn Chef oder Chefin betont »casual« durch den Laden schreiten. Was Sie anhand der Kragenform über die Führungsbeauftragten Ihres Arbeitgebers ganz einfach ablesen und verstehen können, erklärt Ihnen die kleine Typologie der Kragenformen – für Damen und Herren.

Abteilung: Herrenoberbekleidung

Der Machthaber

Business-Hemd mit Krawatte

Vorbilder:

- Gerhard Schröder
- Wolfgang Krupp (Trigema-Chef)
- Franz Josef Strauß

Will sagen:
- »Wo ich bin, ist oben.«

Sagt aber eigentlich:
- »Ich habe keine Ahnung von Klamotten, darum mach ich's einfach so wie andere mächtige Männer.«
- »Die Krawatte hat mein Schneider ausgesucht, der kennt sich aus mit so was. Im Gegensatz zu meiner Frau.«

Erwartet von Ihnen:
- Kadavergehorsam
- eine lückenlose Einserkarriere
- keine Bedrohnung

Hat schlechte Laune, wenn:
- der Ölpreis steigt
- Blumen wachsen
- Sie seinen Geburtstag vergessen

Hat gute Laune, wenn:
- Konkurrenten sterben
- viel Fleisch auf dem Tisch steht
- er jemandem den Urlaub streichen kann

Tipp für den guten Umgang:

Dieser Typ sehnt sich nach Anbetung. Tragen Sie ein T-Shirt mit seinem Portrait und komponieren Sie eine Hymne, die seinen Namen trägt.

Der Macher

Business-Hemd ohne Krawatte

Vorbilder:
- Kai Dieckmann
- Roman Abramowitsch
- Uli Hoeneß

Will sagen:
- »So, jetz lass Papa mal ran, sonst wird das nix.«

Sagt aber eigentlich:
- »Ich bin vor allem deswegen der Chef von irgendwas, weil ich von operativen Details viel zu wenig Ahnung habe.

Manchmal wundere ich mich selbst, wie ich hier gelandet bin. Gottseidank weiß das aber niemand.«

Erwartet von Ihnen:

- dass Sie die Klappe halten.

Hat schlechte Laune, wenn:

- jemand seine Kompetenz infrage stellt
- Frauen Fußball spielen
- er von einem Kleinwagen überholt wird

Hat gute Laune, wenn:

- sein Team gewinnt (das ist natürlich sein Verdienst)
- ihn Leute »Boss« nennen (oder »Chief«)
- er sich an seine Jugend erinnert (da war er nämlich schon der Größte überhaupt)

Tipp für den guten Umgang:

Dieser Typ krempelt gerne die Ärmel hoch, damit alle seine gut gebräunten, relativ stark behaarten Unterarme sehen können. Kreieren Sie Anlässe zum Ärmelhochkrempeln, sagen Sie dann: »Tolle Unterarme, Chef.«

Der Kronprinz

Oberhemd, Button-down-Kragen und Krawatte

Vorbilder:
- KT zu Guttenberg
- Ernst August von Hannover
- Friedrich der Große

Will sagen:
- »Mit gutem Stil kenn ich mich aus.«

Sagt aber eigentlich:
- »Papa hat gesagt, ich soll das anziehen.«

Erwartet von Ihnen:

- Diskretion, Loyalität und Unterwürfigkeit. Und zwar von Ihnen, Ihren Kindern und Kindeskindern. Schließlich bezahlt er sie fürstlich.

Hat schlechte Laune, wenn:

- das »Volk« es »mal wieder nicht kapiert«.
- er zu häufig in der Einzahl angesprochen wird
- Papa schlechte Laune hat.

Hat gute Laune, wenn:

- es eine Sportveranstaltung gibt oder irgendwas anderes, was den Pöbel vom Wesentlichen ablenkt,
- die Sonne scheint (Hobbys: Kutsche, Cabrio),
- Papa Geld ausgibt.

Tipp für den guten Umgang:

- Knicks und Verbeugung
- gemeinsame Verschwörung gegen Papa

Der Schlurfi

Polohemd (ohne Krawatte)

Vorbilder:

- Joschka Fischer (früher)
- Huckleberry Finn
- sein Sachkundelehrer

Will sagen:

- »Ich bin okay, du bist okay, wir sitzen alle in einem Boot.«

Sagt aber eigentlich:

- »Ich würde viel lieber den ganzen Tag surfen, aber ich darf ja nicht, weil meine superreichen Eltern gesagt haben, ich soll lieber Geld verdienen.«

Erwartet von Ihnen:

- Ach, eigentlich nichts Besonderes. Vielleicht Engagement für eine Minderheit.

Hat schlechte Laune, wenn:

- alle irgendwie so schlechte Vibes verbreiten.
- sein Fahrrad kaputt ist.
- ein Tier stirbt.

Hat gute Laune, wenn:

- eine Firmenfeier ansteht.
- seine Solaraktien im Wert steigen.
- er nicht selber fahren muss.

Tipp für den guten Umgang:

Unbedingt sofort duzen, die CDU für rechtsradikal halten und – ganz wichtig: Autos lieben, aber ihre Fahrer hassen.

Der Professor

Oberhemd + Fliege

Vorbilder:
- Uwe Wesp (ZDF-Wetterfrosch)
- Karl Lauterbach, SPD
- Albert Einstein

Will sagen:

- »Ich bin ein Superhirn, meine Entscheidungen basieren auf den jüngsten wissenschaftlichen Erkenntnissen.«

Sagt aber eigentlich:

- »Ich bin ein gefühlskalter Fachidiot, und die Welt da draußen ist ein Ort des Schreckens für mich.«

Erwartet von Ihnen:

- Präzision, Effizienz und die Fähigkeit, ohne Nahrung, Licht und Luft Ihren Job zu erledigen.

Hat schlechte Laune, wenn:

- die Rechnung nicht aufgeht.
- die Technik versagt.
- die Gleichung zu viele Variablen hat.

Hat gute Laune, wenn:

- alles rechtwinklig liegt (Sie eingeschlossen).
- niemand seine Excel-Tabellen versteht (lauter Idioten).
- Maschinen Menschen ersetzen.

Tipp für den guten Umgang:

Sprechen Sie oft über Quantenmechanik, lästern Sie lautstark über Religionen und Horoskope.

Der Visionär

Rollkragenpullover

Vorbilder:
- Steve Jobs
- Andy Warhol
- Richard Branson

Will sagen:
- »Ich bin der innovativste Geist unter der Sonne.«

Sagt aber eigentlich:
- »Ich bin ein eitler Egomane und hasse Menschen.«

Erwartet von Ihnen:

- Was auch immer Sie tun, tun Sie's unauffällig und schnell. Wirklich wichtig kann es sowieso nicht sein.

Hat schlechte Laune, wenn:

- zu viele Dokumente auf seinem Computer-Desktop rumliegen.
- seine Assistentinnen »schlecht drauf« sind (Commitment).
- seinem Genie nicht ausreichend gehuldigt wird.
- es Hühnerfrikassee in der Kantine gibt.

Hat gute Laune, wenn:

- Worte oder Gegenstände, die mit seinem Unternehmen zu tun haben, »sexy« sind.
- es etwas Vegetarisches in der Kantine gibt.
- er öffentliche Auftritte wahrnehmen kann.

Tipp für den guten Umgang:

Unterstützen Sie seine Ideen bedingungslos (ggf. Beifall klatschen), tragen Sie ebenfalls Rollkragenpullover, machen Sie den eigenen Job durch Innovation überflüssig (Lean Management).

Der Kumpel

T-Shirt (o. Ä.) mit Rundhalsausschnitt

Vorbilder:
- Reinhard Mey
- Jürgen Klopp
- Larry Page und Sergey Brin (– die beiden Typen, die Google gegründet und heute keine wirklichen Probleme mehr haben)

Will sagen:
- »Ich bin total anders als normale Chefs, ich bin dein Freund, dein Pate, dein Beschützer.«

Sagt aber eigentlich:
- »In Anzug und Krawatte sehe ich aus wie ein Konfirmand, und ich lasse mir nicht vorwerfen, dass ich andere ausnutze – obwohl das natürlich voll und ganz der Fall ist.«

Erwartet von Ihnen:
- dass auch Sie im T-Shirt arbeiten.
- dass Sie der glücklichste Mensch der Welt sind, in diesem Unternehmen tätig sein zu dürfen.
- keine Klagen, sondern Ideen, Ideen und Ideen.

Hat schlechte Laune, wenn:
- das Firmen-Fußballteam verliert.
- niemand sein Kumpel sein will.
- er jemandem erklären muss, warum er/sie gefeuert ist (total anstrengend).

Hat gute Laune, wenn:
- ihm jemand obszön viel Geld für seine Firma anbietet.
- seine Assistentin mit ihrem Freund Schluss macht.
- er mit dem Facility Manager beim Bowling beobachtet wird (Kumpelbeweis).

Tipp für den guten Umgang:

Empfohlen werden sämtliche Arten von Kumpeleien (Sport und Freizeit, Kinobesuche). Tauschen Sie Informationen über die Familie aus, teilen Sie ein Hobby mit ihm (Hundesport, Töpfern, selber wursten).

Der Rookie

T-Shirt (o. Ä.) mit V-Ausschnitt

Vorbilder:
- Mark Zuckerberg
- Luke Skywalker
- Bernd Schlömer (Vorsitzender der Piratenpartei)

Will sagen:
- »Neue Männer braucht das Land. Zum Beispiel mich, denn ich bin unkonventionell und weiß, was die Jugend will.«

Sagt aber eigentlich:

- »Endlich lohnt sich das Zweierpack V-Neck-Unterhemden von H&M. Ich dachte schon, die kann ich nie anziehen. Da kommt nämlich mein Brusthaar so schön zur Geltung. Das finden bestimmt alle gut.«

Erwartet von Ihnen:

- irgendwas Originelles.
- eine Karte aus dem Urlaub.
- Unpünktlichkeit.

Hat schlechte Laune, wenn:

- jemand sagt: »Schöner Ausschnitt« (neidvolle Häme).
- jemand fragt: »Wie lange geht dein Praktikum noch?«
- es regnet (Erkältung).

Hat gute Laune, wenn:

- jemand ihn für sieben Jahre jünger schätzt.
- David Guetta gespielt wird (tanzen, Jugendlichkeit).
- bei H&M Baumwollschals im Angebot sind.

Tipp für den guten Umgang:

Loben, loben, loben. Der Rookie braucht Bestätigung, denn er ist noch ganz neu im Business. Vorsicht: neigt zur Rachsucht (Einzelkind).

Der Hypochonder

Wollschals, saisonunabhängig

Vorbilder:
- Harald Schmidt
- Charlie Chaplin
- Thomas Mann

Will sagen:

- »Mein Geist ist unersetzlich – ich kann, schnief, unter keinen Umständen, hatschi, jetzt krank werden. Aber juckt es Sie auch nachts am Bein?«

Sagt aber eigentlich:

- »Ich möchte doch nur geliebt werden. Dass an der Spitze ein rauer Wind pfeift, war mir klar, aber jetzt ist es mir so in den Nacken gefahren. Da kann man ja sonst was bekommen.«

Erwartet von Ihnen:

- Unter keinen Umständen irgendeine Form des körperlichen Kontaktes, man liest ja immer, wie viel tausend Bakterien so herumfliegen
- Mitleid.

Hat schlechte Laune, wenn:

- sich herausstellt, dass der Husten vom Rauchen kommt
- die Placebos nicht nach Erdbeere schmecken.

Hat gute Laune, wenn:

- eine ernsthafte Infektion festgestellt wird (»Hab ich's doch gewusst!«).

Tipp für den guten Umgang:

- Studieren sie möglichst viele Beipackzettel.
- Verweisen Sie auf erkrankte Familienmitglieder, »die aber schon wieder auf dem Weg der Besserung sind«.
- Frischen Sie Ihr Latinum und Ihren Erste-Hilfe-Kurs auf.

Die Diva

Seidenschals, saisonunabhängig

Vorbilder:

- Karl Lagerfeld
- Wolfgang Joop
- Bruce Darnell

Will sagen:

- »Ich bin der Star – ich weiß das, und Sie wissen das auch. Also gehen Sie bitte einen Schritt hinter mir.«

Sagt aber eigentlich:
- »Ich hoffe, Sie kommen nicht ohne mich aus. Hätten Sie mich gefragt, hätte ich Ihre Idee umformulieren können.«

Erwartet von Ihnen:
- innerlichen Applaus beim Betreten des Raumes.
- Kenntnis seines bisherigen Wirkens.
- absolute Verschwiegenheit bei Fehlentscheidungen.

Hat schlechte Laune, wenn:
- er nach seinem Namen gefragt wird.
- ein Projekt ohne ihn erfolgreich geworden ist.
- der Schal kratzt.

Hat gute Laune, wenn:
- das Ego-Googeln eine gestiegene Anzahl von Treffern aufweist.
- alle wissen, was passiert ist, aber er sich nichts anmerken lässt (cool).

Tipp für den guten Umgang:

- Fragen Sie regelmäßig nach seinen Sorgen und Nöten.
- Preisen Sie seine Ideen.
- Beim Verlassen des Raumes bestenfalls rückwärtsgehen, bis Sie aus dem Sichtfeld sind, halten Sie das Haupt dabei geneigt.

Abteilung: Damenoberbekleidung

Die Hillary

Baumwollbluse in Weiß, Grau oder Hellblau, je nach Laune

Vorbilder:
- Jil Sander
- Maybritt Illner
- Ursula von der Leyen

Will sagen:
- »Ich habe mich in einer Männerdomäne behauptet und lasse mir nicht reinreden, Sie Würstchen.«

Sagt aber eigentlich:

- »Jeden Tag muss ich mich wieder aufs Neue zeigen, dass ich hier auch was kann. Ich hoffe, mein Mann holt die Kleinen heute vom Flöten ab und bringt sie zum Kids-Chinesisch.«

Erwartet von Ihnen:

- Respekt
- ein aufgeschlossenes Geschlechterverständnis
- die geistige Verbindung von Heim und Herd

Hat schlechte Laune, wenn:

- zuhause jemand krank ist
- im Büro jemand krank ist
- die Reinigung die Blusen verschlampt

Hat gute Laune, wenn:

- alle Überstunden machen
- ein männlicher Kollege danebenliegt (im Meeting)

Tipp für den guten Umgang:

- kaufen Sie Biografien »starker Frauen«
- bilden Sie sich eine Meinung zur »Herdprämie«
- machen Sie verdammt nochmal keine Fehler

Die Gouvernante

Bluse oder Kleid, in jedem Fall hochgeschlossen

Vorbilder:

- Fräulein Rottenmeier
- Marie Curie
- Hildegard von Bingen

Will sagen:

- »Alles, was ich im Leben erreicht habe, und das ist einiges, verdanke ich meinem Bienenfleiß, bedingungsloser Konsequenz und eiserner Disziplin.«

Sagt aber eigentlich:

- »Ich wurde in meinem Leben so oft von Männern enttäuscht, dass ich mich entschlossen habe, mich in ein eiskaltes Erfolgsbiest zu verwandeln. Freude ist ein Schädling.«

Erwartet von Ihnen:

- die totale Selbstaufgabe
- das bereitwillige Überschreiten der Belastungsgrenze
- dass Sie Ihren Körper hassen

Hat schlechte Laune, wenn:

- jemand Mitleid zeigt
- Sie auch nur eine Sekunde zu spät erscheinen
- jemand bei der Arbeit lacht

Hat gute Laune, wenn:

- die Frauenquote abgelehnt wird (»Ich hab's schließlich auch so geschafft!«)
- Arbeit und Entsagung miteinander einhergehen
- ihre Assistentin doch nicht schwanger ist

Tipp für den guten Umgang:

- Seien Sie eine Frau.
- Loben Sie lautstark preußische Tugenden.
- Essen und trinken Sie niemals.

Die Offenherzige

Bluse – welche Bluse?

Vorbilder:

- Sarah Connor
- Simone Thomalla
- Katharina Witt

Will sagen:

- »Hier oben sind meine Augen, Freundchen. Konzentrieren Sie sich auf die Zahlen!«

Sagt aber eigentlich:
- »Na? Für das Alter doch noch ganz passabel, oder?«

Erwartet von Ihnen:
- Abhängigkeit.
- ein Portrait von ihr auf dem Nachttisch.
- ein innerliches Hinterherpfeifen, wenn sie das Büro betritt.

Hat schlechte Laune, wenn:
- Sie laut pfeifen, wenn sie das Büro betritt.
- der Playboy wieder nicht anruft.
- die Temperaturen unter 10°C fallen.

Hat gute Laune, wenn:
- die Praktikanten Schweißperlen auf der Stirn haben.
- Männer stammeln.
- Frauen vor Neid platzen.

Tipp für den guten Umgang:

- Schauen Sie auf die Augen (im Gesicht).
- Tragen Sie keine zu engen Hosen.
- Öffnen Sie die Tür für sie.

Die Seglerin

Edle, bonbonfarbene Freizeitkleidung mit offenem Kragen

Vorbilder:
- Bettina Wulff
- Uschi Glas
- Veronika Ferres

Will sagen:
- »Ich genieße das Leben in vollen Zügen und lasse Sie gerne von meinem reichen Erfahrungsschatz profitieren. Schluck Prosecco?«

Sagt aber eigentlich:

- »Gottseidank hat mein Mann genügend Kohle, sodass es völlig egal ist, was ich hier mache. Der Prosecco ist trotzdem von Aldi.«

Erwartet von Ihnen:

- dass Sie geduldig ihre Geschichten vom letzten Golfturnier oder der letzten Regatta ertragen
- dass Sie auf keinen Fall besser aussehen als Sie – egal wie alt, egal ob Frau oder Mann.
- dass Sie sich mit Ihren Problemen an irgendwen wenden, nur nicht an sie. Sie muss nämlich gerade zur Massage.

Hat schlechte Laune, wenn:

- ihr Pferd krank ist
- ihr Mann zu Besuch kommt
- niemand ihr Leben verfilmt

Hat gute Laune, wenn:

- jemand sie aus Höflichkeit für 20 Jahre jünger hält
- ihr Mann wieder gewählt wird
- der Land-Rover endlich repariert wurde

Tipp für den guten Umgang:

- Seien Sie möglichst adelig, kennen Sie mindestens eine Persönlichkeit, die regelmäßig in der *Gala* auftaucht.
- Beschweren Sie sich darüber, wie schwer es geworden ist, heutzutage noch gutes Personal zu finden.
- Fragen Sie nach dem Geheimnis ihres jugendlichen Teints.

Die Anna-Normalverbraucherin

Blusen und Shirts jeglicher Provinienz, Hauptsache: gutes Preis-/ Leistungsverhältnis

Vorbilder:

- Daniela aus dem Controlling
- Petra aus dem Marketing
- Tanja aus der Personalabteilung

Will sagen:
- »Ich fand das Teil ganz nett, und grau ist irgendwie genau meine Farbe. Das kann ich auch nächstes Jahr noch anziehen.«

Sagt aber eigentlich:
- »Wenn ich nicht auffalle, dann komm ich pünktlich raus und hab keinen Ärger.«

Erwartet von Ihnen:
- lieber eine Mail als einen Anruf.
- dass Sie sich mindestens ihren Vornamen merken.
- keine Gespräche über Frühling, Farbtrends und Shoppingtouren.

Hat schlechte Laune, wenn:
- Sie sich jeden Morgen vorstellen.
- sie den Schlussverkauf verpasst.

Hat gute Laune, wenn:
- ihr ein Schnäppchen gelingt.
- endlich mal alle »normal« sind.

Tipp für den guten Umgang:

- Seien Sie nett.
- Sprechen Sie leise.
- Krümeln Sie nicht.

Die Verruchte

Zu enge, zu freizügige Tops mit Leopardenmuster und/oder Samtbesatz/Korsagen

Vorbilder:
- Madonna
- Domenica Niehoff
- Erika Berger

Will sagen:
- »Ich bin total locker drauf und habe – trotz meines Alters – ein sehr aktives Sexualleben, über das ich gerne sprechen möchte.«

Sagt aber eigentlich:

- »Ich habe die besten Jahre meines Lebens in den Betten irgendwelcher Hallodris vergeudet, und jetzt muss ich mit diesem faltigen Körper irgendwas aus mir machen. Also wurde ich Chefin von irgendwas.«

Erwartet von Ihnen:

- dass alles kann, nichts muss.
- dass Sie ihr mindestens einmal am Tag aufs Dekolleté oder Gesäß starren – egal, ob Mann oder Frau.
- Toleranz. Und dass Sie immer ein Kondom dabei haben.

Hat schlechte Laune, wenn:

- ihre Assistentin jünger und attraktiver ist.
- die Sprühsahne alle ist.
- der Praktikant keine Überstunden bei ihr zu Hause machen möchte.

Hat gute Laune, wenn:

- es Prosecco gibt (Geburtstag, Jubiläum, Abschied).
- 9½ Wochen im Fernsehen läuft (anspruchsvolle Erotik).
- Männer enge Hosen tragen.

Tipp für den guten Umgang:

Seien Sie ein bisschen schlüpfrig, machen Sie vor allem hin und wieder eine zotige Anspielung oder einen versauten Witz. Und vergessen Sie nicht den bewundernden Dekolleté-/Gesäßblick.

Die Yogarette

Sehr bequemes T-Shirt mit Rundhals- oder U-Bootausschnitt

Vorbilder:
- Jane Fonda
- Jutta Speidel
- Swami Sivananda Saraswati

Will sagen:
- »Ich habe das Wesen der Welt begriffen, nichts kann mein seelisches Gleichgewicht erschüttern, alles ist eins. Ich bin du – nein, mehr noch: Ich bin Hindu.«

Sagt aber eigentlich:
- »Ich bin so uninteressant, dass ich darauf angewiesen bin, dieses Manko mit einer verzehrfertig portionierten, fernöstlichen Philosophie zu überdecken. Außerdem kann ich so wunderbar anderen Leuten vorhalten, wie ›falsch‹ sie ihr Leben führen.«

Erwartet von Ihnen:
- dass Sie ihre körperlich-geistige Überlegenheit anerkennen.
- dass Sie Räucherstäbchen ertragen, und zwar überall, auch auf der Toilette und an Ihrem Arbeitsplatz.
- dass Sie keine Tiere essen.

Hat schlechte Laune, wenn:
- ihr »Svadhisthana-Chakra außer Phase« ist.
- sie von der Assistentin darauf hingewiesen wird, dass ihr Yogadress »Made in Bangladesh« ist.
- sich ein Angestellter über Homöopathie lustig macht.

Hat gute Laune, wenn:
- sie nach dem Unterschied zwischen Bikram-Yoga und Hare Krishna gefragt wird.
- der Laden läuft (gutes Karma).
- Sie eine Magen-Darm-Grippe haben (innere Reinigung), weil Ihnen in der Kantine Gammelfleisch serviert wurde (selber Schuld).

Tipp für den guten Umgang:

- Duzen Sie, was das Zeug hält.
- Werden Sie Vegetarier, das ist eh gerade angesagt.
- Atmen Sie ruhig und langsam.
- Loben Sie die Weisheit Ihrer Chefin, indem Sie Sachen sagen wie »Ich wüsste gar nicht, was ich ohne deinen guten Rat machen sollte.«

»Der« Chefin

Oberhemd, Anzugweste, Muskelshirt – auf jeden Fall etwas betont Männliches

Vorbilder:

- Jeanne d'Arc
- Anne Will
- Ulrike Folkerts

Will sagen:

- »Ich stehe zu meiner sexuellen Orientierung. Es wird Zeit, dass wir Frauen das Ruder übernehmen und den Jungs mal zeigen, wo's langgeht.«

Sagt aber eigentlich:

- »Nicht ernst genommen zu werden, nur weil ich eine Frau bin, macht mir Angst. Darum habe ich mich entschlossen, stattdessen anderen Angst zu machen. Grrr.«

Erwartet von Ihnen:

wenn Sie eine Frau sind:

- die Ablehung des tradierten Frauenbilds
- Körperbehaarung
- Verschworenheit

wenn Sie ein Mann sind:
- bedingungslosen Gehorsam
- Sehnsucht nach weiblicher Dominanz
- ein lächerliches Erscheinungsbild

Hat schlechte Laune, wenn:
- im heutigen Wochentag ein Vokal vorkommt.
- Männer ihr Komplimente machen (»Vergewaltiger!«).

Hat gute Laune, wenn:
- ihre Freundin eine Medaille im Ringen (Griechisch-Römisch) gewinnt
- ihr Kater kastriert wird. Oder ein Angestellter.
- Sie sich mithilfe lautstarker Gewaltäußerungen durchsetzen kann.

Tipp für den guten Umgang:

Seien Sie eine Frau. Wenn Sie keine sind, haben Sie kaum eine Chance. Versuchen Sie's mit einem Fanposter der Frauenfußball-Nationalmannschaft.

Die Diva

Stets eine Spur zu schick. Raffiniertes Spitzen-Top (gern Seide), Abendkleid, Schal (auch Seide)

Vorbilder:

- Maria Callas
- Kleopatra VII
- Joan Collins

Will sagen:

- »Wer sich mir unterwirft, soll mit Wohlwollen überschüttet werden. Alle anderen sollen mich lieben und verzweifeln.«

Sagt aber eigentlich:

- »Ich bin großartig. Wer sind diese ganzen Leute hier? Wer hat die eingestellt? Warum kriege ich nichts zu trinken? Man unterhalte mich.«

Erwartet von Ihnen:

- dass Sie sie mit operativem Schnickschnack verschonen (»Wofür bezahle ich Sie eigentlich?«).
- Diskretion.
- dass Sie ihr mit jeder Faser verfallen.

Hat schlechte Laune, wenn:

- das Mineralwasser ein Grad unter Idealtemperatur hat.
- sie vor 12:00 Uhr mittags mit irgendwelchen Anliegen genervt wird.
- sie hungrig ist.

Hat gute Laune, wenn:

- sie abgenommen hat.
- sie für ihren fantastischen Führungsstil gelobt wird (»Meine Leute lieben mich einfach!«).
- Köpfe rollen.

Tipp für den guten Umgang:

Seien Sie immer fünf Minuten früher da, denken Sie für sie mit, und widersprechen Sie niemals! Lernen Sie außerdem sämtliche ihrer Vorlieben auswendig.

Die Kränkliche

Wollpulli oder Strickjacke, immer Schal (manchmal sogar Mütze)

Vorbilder:

- Meryl Streep
- Cordula Stratmann
- ihre Internistin

Will sagen:

- »Ich bin todkrank, aber ich schleppe mich trotzdem jeden Tag hierher, denn ohne mich sind hier ja alle aufgeschmissen. Ein bisschen Dankbarkeit kann ich ja wohl erwarten.«

Sagt aber eigentlich:

- »Ich habe Angst vor Verantwortung, und Krankheiten sind eine super Möglichkeit, Entscheidungen zu treffen, ohne die Konsequenzen tragen zu müssen. Außerdem kann ich so noch besser Druck auf andere ausüben. Eigentlich bin ich kerngesund.«

Erwartet von Ihnen:

- Rücksicht.
- Unterstützung bei allem.
- Aspirin.

Hat schlechte Laune, wenn:

- es zu heiß ist.
- es zu kalt ist.
- das Fenster offen steht.
- das Fenster geschlossen ist.
- jemand niest (»Wollen Sie mich umbringen?«).

Hat gute Laune, wenn:

- ihre private Krankenversicherung sie zur Versicherten des Jahres kürt.
- sie eine dramatische Diagnose bekommt (Aufmerksamkeit).
- sie einen Kuraufenthalt vor sich hat.

Tipp für den guten Umgang:

Tragen Sie stets eine Box Kleenex mit sich herum. Lernen Sie medizinische Fachbegriffe und benutzen Sie sie. Sagen Sie ab und zu Dinge wie »Sie Arme. Wie schaffen Sie das nur?«

Die Gebrochene

Schlabberpulli, 13 Jahre altes H&M-Top, insgesamt eher konturlos

Vorbilder:

- Courtney Love
- Marianne Faithfull
- Sharon Stone

Will sagen:

- »Mein Leben ist eine Tragödie, aber daran ist jemand anderes schuld. Trotzdem ertrage ich das Ganze, obwohl ich gar nicht weiß, warum eigentlich. Ihr seid eh alle doof.«

Sagt aber eigentlich:

- »Mein Selbstwertgefühl ist beim Versuch verloren gegangen, eine Karrieresau zu werden. Leider hat auch das nicht hingehauen, deswegen lasse ich mich äußerlich gehen, und verkomme innerlich zu einem Miststück erster Klasse«.

Erwartet von Ihnen:

- Pfff – machen Sie doch, was Sie wollen.

Hat schlechte Laune, wenn:

- alle anderen gute Laune haben.
- sie jemandem etwas erklären muss (»Idiot!«).
- sie von jemandem darauf hingewiesen wird, dass sie hier die Chefin ist (»Weiß ich selber!«).

Hat gute Laune, wenn:

- sie endlich nach Hause gehen kann.
- ihr geschiedener Mann gefeuert wird/stirbt/von seiner Neuen verlassen wird.
- jemand krank ist und dann stirbt.

Tipp für den guten Umgang:

Direkten Kontakt möglichst vermeiden. Hier können Sie so gut wie gar nichts richtig machen. Versuchen Sie's mit Identifikation, indem auch Sie zu einer das Leben hassenden Person werden, die alles schrecklich findet.

Bilderschmuck – was Schreibtischfotos über Ihren Chef aussagen

Sie sind Teil eines dynastischen Familienunternehmens. Ihr Senior-Chef (Bildmitte) sieht sich als Epizentrum sämtlicher Angelegenheiten. Die gute Laune ist der Tatsache geschuldet, dass die Schmerzen des künstlichen Hüftgelenks nach Einfuhr diverser Tabletten zum (Monate vorher) verabredeten offiziellen Fototermin eine solche »lockere« Pose zulassen. Der Junior-Chef lächelt sich die Drangsal und Sticheleien des Alten weg und versucht intuitiv seinen Sohn als natürlichen Nachfolger zu schützen (»Mach doch mal was mit Kunst«, »Nutze die Freiheit, die ich nie hatte!«). Seine Frau hingegen weiß, welches Spiel gespielt wird und lebt von der Vorfreude auf die »Zeit danach«. Hier ergeben sich Ansatzpunkte – eine etwaige Liaison ist nicht ausgeschlossen, Kündigung und Abfindung (je nach Ähnlichkeit des Kuckuckskinds) liegen im Bereich des Möglichen.

Ihr Chef ist eindeutig ein sozialer Typ, er unterstützt Sie in jeder Projektphase. Außerdem ist er dem Leben an sich dankbar – immerhin hat er trotz grauer Lockenmatte noch einen gesunden Sohn gezeugt. Am Wochenende können Sie ihn in öffentlichen Parkanlagen, gerne auch in Trekking-Sandalen antreffen: Tipp: Gesprächsbasis für den Small-Talk: »Freizeitgestaltung«, »Funktionskleidung« sowie die kognitiven Fortschritte des Kleinen. No-Gos: Fahren ohne Fahrradhelm, Manschettenknöpfe.

In der Tiefe seines Herzens ist Ihr Chef Romantiker. Die harte Schale hat ihm seine aktuelle Situation auferlegt. Das Bild zeigt seinen Sohn an einem der letzten schönen Sommertage. Vor über 10 Jahren. Danach kam die Scheidung – er war oft unterwegs, seine Frau indes einsam. Das Übliche. Seine Ex – eigentlich ganz rechts im Bild – hat er sorgsam entfernt. Das Kind ist mittlerweile mitten in der Pubertät, spricht seinen Vater nur noch mit Vornamen an und wartet auf den jährlichen Weihnachts-Scheck. Ansatzpunkte: Durch taktisches und soziales Geschick können sie »das Kind sein, dass er nie hatte.« Sie werden ins Vertrauen gezogen und bekommen früh Verantwortung. Vorsicht: Vor überdurchschnittlich vielen Überstunden und Dienstreisen dringend die eigenen Beziehungsverhältnisse klarstellen oder zweigleisig planen.

© chantal de bruijne/shutterstock.com

»Neulich bei der Star-Wars-Convention ...«, das sind Gesprächseinstiege, bei denen Ihr Chef Ihnen auf jeden Fall ein Ohr leiht. Sofern er nicht gerade selbst einen Helm trägt oder sein Jabba-the-Hutt-Kostüm anprobiert. Die IT-Firma, in der Sie ihren Dienst tun, legt auf jeden Fall Wert auf lockere Umgangsformen und verzeiht den einen oder anderen Spleen. Den Kaffee mit dem Lichtschwert umrühren zum Beispiel. Allerdings gelten auch hier strenge Regeln: Der Wechsel »auf die andere Seite der Macht« wird ebenso ungern gesehen wie dauerhafte Wookie-Schreie im Meeting. Ein richtig getimtes Zitat aber kann Ihnen in Notlagen den Hintern retten oder eine Gehaltserhöhung verschaffen.

Sergey Kamshylin/shutterstock.com

Ihr Chef (oder sein Vater) hat die »anderen Zeiten« noch erlebt. »Und es war nicht alles schlecht!« Vorsicht: Hier herrscht ein rigider Umgangston, und absolute Disziplin und Gehorsam sind Pflicht. Ihre Meinung tut nichts zur Sache und kann – auch privat geäußert – gegen Sie verwendet werden. Statt vieler Argumente ist ein einfaches »Jawohl(ll)« immer noch der am liebsten gehörte Ausdruck auf dem Firmengelände.

Sie sind beim Marktführer der Branche gelandet. Als jährlichen Spaß zur Mitarbeitermotivation bekommen vier ausgewählte Kollegen »die Chance« Testimonial für die Firma zu werden und an einem Tag (»kann leider nicht auf die Arbeitszeit angerechnet werden«) Teil eines »professionellen Fotoshootings« zu werden. Das Bild wird dann büroübergreifend verteilt und an gute Kunden und Partner weitergegeben, um den »frischen Geist« des Ladens zu transportieren. Allerdings ist dieses Bild mehr eine Warnung als eine Hilfestellung! Taktik: Die Auswahl der mehr oder minder telegenen Kollegen hängt von einfachen Faktoren ab. Versuchen Sie es zu vermeiden eins der folgenden Stereotype zu verkörpern:

- der junge, sportliche Alleskönner mit Zielerreichungsgrad 170 Prozent,
- die Wir-haben-auch-weibliche-Fach-und-Führungskräfte-Vorzeigefrau,
- der eifernde, mitteltalentierte Überstundensammler oder
- der leicht adipöse, aber »nette« Scherbensammler vom Dienst.

Ihr Chef hat die Welt gesehen und sein Leben auf der linken Spur genossen. Das war ein Spaß, damals, 2002 mit dem neuen Anzug – nach einem Super(!!!)-Jahr – surfen gehen. Die Geschichte bekommen Sie übers Jahr gut 150 mal erzählt. Das Bild sieht nur aus wie eine Montage, es war aber bestimmt, ganz echt, ehrlich, sicher, wirklich so. Und an diesem Erfolg müssen Sie sich messen lassen. Jeden verdammten Tag. »Überraschen Sie mich« – Keine Zielvorgabe, aber mächtig Druck.

Tipp: Konkurrieren Sie nicht, suchen Sie sich ein Spezialgebiet und werden Sie unersetzlich. Oder statt zwei Wochen Urlaub: Buchen Sie den VHS-Crashkurs »Photoshop für Einsteiger«.

WOW! Da liegt Sie nun, die ehemalige Chefsekretärin und zeigt der Öffentlichkeit, was bisher nur ihr Chef – und einige Abteilungsleiter sowie weitere mittlerweile anderweitig tätige Kollegen – live gesehen haben. Das Bild steht auch erst auf dem Schreibtisch, seitdem die Sache mit den Kindern und seiner Ex geklärt ist. Diese wirklich »anspruchsvollen« Fotos sollen die sexuelle als auch berufliche Potenz und Geschmacksicherheit des Chefs signalisieren und gleichzeitig auch sein Revier markieren. Als Frau haben Sie es besonders schwer, wenn Sie sich rein auf Ihre Qualifikation verlassen. Dafür können Sie mit einem lasziven Augenaufschlag mehr erreichen als ihre Kollegen mit 40-seitigen Präsentationen.

Wer gut zu Tieren ist, kann zu Menschen nicht schlecht sein. Man weiß auf den ersten Blick nicht, wer hier verträumter dreinschaut. Der mit den Fell-Ohren ist auf jeden Fall kaltschnäuziger. Sie können also ruhig mit glasigen Augen das Chef-Büro betreten (Meerrettich oder Pfefferspray wirken Wunder! Vorsicht bei Kontaktlinsen!). Sie vermissen auf dem Schnappschuss andere Familienmitlglieder? Kein Wunder – die Familie hat sich nach dem Outing vom Sohnemann distanziert, mittlerweile telefoniert man aber wieder (»Tante Gertrud ist ja krank«). Dafür kann er im Büro umso besser (und länger) zuhören. Harmonie ist hier das Zauberwort. Erzählen Sie, welchen schulischen Fortschritt Ihr SOS-Patenkind in den letzten drei Jahren gemacht hat oder welche Online-Petition sie letzte Woche per Mausklick unterstützt haben.

»Mein Enkel wird den ganzen Laden mal übernehmen!« Schön zu wissen, wo die Karriere-Leiter ihre letzten Sprossen hat. Sie können sich ab sofort ausrechnen, wie lange es dauert, bis der Elite-Internatsschüler mit dem Hundeblick die Bude auf den Kopf stellt. Hinter der schlichten Natürlichkeit der Szenerie verbirgt sich die Drohung an alle, endlich mal »eine gute Idee zu haben«. Der Junior-Chef, der mit den matten Gesichtszügen im mausgrauen Anzug, spürt auf jeden Fall schon, wie sein Sohn aus der Ferne am Stuhl sägt. Solidarisieren Sie sich! Zetteln Sie eine Meuterei an! Bauen Sie aber zumindest, falls vorhanden, jegliche Hemmschwellen im Umgang mit dem besten Freund des Menschen ab.

BETRIEBSANLEITUNG

Jeder Laden hat seine eigenen Gesetze. Klar, da hat sich der Chef ausgetobt, oder ihm ist das Ganze schlicht über den Kopf gewachsen. Wie auch immer der Laden läuft und ganz egal wie gut oder schlecht Sie Ihren Job machen, das Maß aller Dinge ist und bleibt nun einmal der Kopf des Unternehmens (von dem aus Fische zu müffeln pflegen, wenn man einem gängigen Unternehmensberater-Bonmot glauben darf). Dieses Kapitel hilft Ihnen herauszufinden, wie er/sie tickt und welche Fehler andere sicherheitshalber schon mal für Sie gemacht haben.

> »Verbind' mich mal mit dem … dem äh – also, ich habe letztens schon mal mit dem gesprochen.«
> *Telefon, Schnelltaste1, Dauernutzung*

Die acht wichtigsten Chef-Regeln

1. Der Chef hat immer Recht!
2. Der Chef schläft nicht, er ruht.
3. Der Chef ist nicht zu spät, er wurde aufgehalten.
4. Der Chef vernachlässigt nicht seine Arbeit, er wird anderswo gebraucht.
5. Der Chef liest nicht Zeitung bei der Arbeit, er recherchiert.
6. Der Chef vergreift sich nicht an seiner Sekretärin, er entwickelt ihre Persönlichkeit.
7. Der Chef ist immer der Häuptling, auch in der Badehose.
8. Wer das Chefbüro mit einer guten Idee betritt, verlässt es mit einer guten Idee des Chefs.

Bürogetränke und was sie über die Betriebskultur sagen

TYP 1: Alles to-go

Sie sind entweder in einem jungen, aufstrebenden posh-urbanen Web-/Marketing-/*setzen Sie hier einen englischen Begriff Ihrer Wahl ein*-Büro gelandet oder in einem abstrebenden posh-urbanen Web-/Marketing-/*setzen sie hier einen englischen Begriff ihrer Wahl ein*-Büro. Dabei will man sich entweder noch nicht auf eine Zubereitungstechnologie festlegen, oder die teure Vollautomaten-Kiste ist bereits gepfändet. Deshalb laufen Sie dreimal am Tag in den hippen Coffee-Shop um die Ecke, wo unterbezahlte Studenten abstruse Mischungen englischer Begriffe in dreierlei Größen feilbieten. Alles zum Selbstkostenpreis versteht sich, weil Sie a) einen hochdotierten Vertrag unterschrieben haben und es sich leisten können, oder b) der Laden sich dank ihres hochdotierten Vertrages nicht mehr leisten kann.

TYP2: Der Filterkaffee

Bis vor etwa 15 Jahren, als zeitgleich auch ein Unkraut namens Ruccola Trend in der deutschen Allerweltsküche wurde, der definitive Standard. Heißt auf neudeutsch »Cafe Americano«, weil er auch dort literweise in Drive-ins gereicht wird, aber beim Ausdruck »Deutscher Kaffee« die Mehrheit immer noch eher an Schießbefehl als an Savoir-vivre denkt. Dabei gelten in den meisten Büros die gleichen Regeln: Der/die erste, der/die im Büro erscheint, wirft die auf ein Mindestmaß an kognitiven Fähigkeiten herunteroptimierte Maschine an, um den ersten 2,5-Liter-Durchlauf nach 30 Minuten parat zu haben. Der Geschmack orientiert sich seltsamerweise stark am Klang des Begriffes »Durchlauf«. Dieser wird dann todesmutig von den Heerscharen der Überarbeiteten weggekippt (bzw. getrunken). Auch der Geschäftsbesuch kommt nicht unter drei Tassen weg, vielleicht noch mit einem 0,2-Liter-Glas Leitungswasser, um den leicht bitter-säuerlichen Geschmack zu übertünchen. Im Endeffekt ist die Warmhaltephase dieses »Kultgetränks« ein einziges Gewinnen und Verlieren. Gewinnen wird die Brühe über die Lebenszeit vor allem Aromen vom Reinigungsmittel, vom Entkalker und dem Spüllappen (um den sich seit Monaten keiner kümmert); verlieren dagegen all das, was der Melitta-Mann anpreist: das Temperament Südamerikas, die Würze Kolumbiens und das Gefühl von Entspannung. Einzige Konstante ist die Temperatur: genau so, dass man sich gerade die Zunge verbrennt.

TYP 3: Die Kunstvolle

Wenn Sie nicht gerade in einer Eisdiele angeheuert haben, können Sie sich (zumindest aus kulinarischer Sicht) auf die Schulter klopfen. Wow! Wenn Sie auch vier Wochen nach dem evtl. etwas aufwändiger geratenen Willkommensdrink immer noch zwischen 28 verschiedenen »Toppings« wählen können – Chapeau! Natürlich muss man an dieser Stelle den Spaß auch teilweise wieder verderben, denn bei TYP1 ging es zwischenzeitlich auch mal so zu. Aber lassen Sie sich davon nicht ablenken: Ihr Büro schätzt seine Angestellten und will ihnen täglich für ihren Einsatz etwas zurückgeben (im Preissegment bis 1,32 Euro). Vielleicht soll der Double-Ice-Cream-Caramel-Latte aber auch einfach nur über Unzulänglichkeiten hinwegtäuschen. Wenn Ihnen die aber bisher nicht aufgefallen oder aufgestoßen sind – gleich noch so ein Glas ordern.

TYP 4 - Die Espresso-Falle

Nicht nur aus medizinischen Gründen wohl die beste und nachhaltigste Form des täglichen Koffein-Schubs. Kleine, hochkonzentrierte Dosen, wie bei anderen Drogen auch. Der Espresso transportiert wie kein anderes Getränk das Gefühl eines frischen und wachen Geistes, der aber auch Lässigkeit ausstrahlt und den Trinker zum kosmopolitischen Genießer macht. Schnell driftet er in einen schier endlosen Diskurs über Mahlgrade, Druckniveaus und Wasserhärten ab, als hätte er nach seiner 17-jährigen Barrista-Ausbildung erst gestern hier angefangen. Unvermeidbar: der kulturelle Graben. Wenn bemühte Kollegen auch einen oder sogar einen doppelten »Expresso« bestellen (oder zwei »Expressos«), um postwendend vom italiengereisten Abteilungsleiter mit dem Brustton der intellektuellen Überlegenheit ausgesprochenen »Espressi!« gemakelt zu werden. Ergo: Nichts trennt die Spreu deutlicher vom Weizen als eine Espressomaschine.

TYP 4A - Der Existenzialist

Die lange Zeit in Italien hat Ihren Chef stilistisch geprägt, die Arbeitswelt hat ihn reduziert: aufs Wesentliche. Ohne Schnickschnack, ohne Firlefanz. Ohne Crema. Für jede Tasse muss die verdammte Maschine aufgeschraubt, umständlich gefüllt und neu angeworfen werden, bevor Sie sich noch einmal die lustigen Geschichten vom Studienaufenthalt in Siena '91 (damals noch Kunstgeschichte) anhören können.

Aber: Sie sind auf einem guten Weg, denn nicht jeder kommt in diesen erlauchten Kreis. Immerhin hat er mit diesem Gerät auch schon Menschen »verwöhnt«, die man mittlerweile aus Klatschspalten kennt.

TYP 4B - Der Anspruchsvolle

Geld spielt bei Ihrem Chef keine Rolle. Zumindest in Genussbelangen. Hier wird ordentlich aufgefahren. Im Mittelpunkt des Eingangsbereiches steht eine sündhaft teure Monstermaschine mit sogenanntem »Siebträger«. Die Vielzahl an Arbeitsschritten und Einstellungsmöglichkeiten macht die Erzielung eines zufriedenstellenden Ergebnisses damit fast ebenso schwierig wie in einer Beziehung. Aber mit einer gehörigen Portion Übung, den richtigen Kniffen und etwas Glück bekommt man für beide Bereiche wohltuende Produkte aus reiner Leidenschaft. Alternativ kann man auch noch mehr Geld ausgeben (für einen Barrista auf 400-Euro-Basis zum Beispiel).

TYP 4C - Der Praktische

Ihr Chef ist George Clooney. Schön, oder? Er wäre zumindest gern schön oder erfolgreich und fokussiert auf die wirklich wichtigen Dinge. Denn wie der Espresso zu Espresso wird, darüber sollen sich andere Gedanken machen. Klappe auf, Ergebnis da. Ihr Chef denkt und handelt in praktischen Zügen. Problem – Lösung. Aufgabe – Ergebnis. Der ökologische Fußabdruck ist ihm dabei mindestens so egal wie der Vorgang dazwischen. Alles ist Ihre Angelegenheit, wofür werden Sie schließlich bezahlt?

TYP 5 Der Wasserspender

Ihr Chef hat die Spendierhosen an, wenn's um Wasser geht. Klar, normales Leitungswasser ist eigentlich auch okay, wenn nicht sogar gehaltvoller, aber das Gefühl der Belegschaft einen auszugeben: unbezahlbar. Das geht solange gut, bis sich über die Postfächer hinweg Artikel verbreiten, in denen steht, dass Wissenschaftler einer amerikanischen Universität herausgefunden haben, dass sich am Hahn Keime bilden und Choliken nicht auszuschließen sind. Dann rührt die Kiste keiner mehr an. Jetzt können Sie beginnen Urzeitkrebse zu züchten. Oder den (ebenfalls spendierten) Ficus benjamina aus seinem traurigen Nischendasein zu entführen und ihm, ganz wie es Chef vorlebt, erst regelmäßig einen auszugeben und dadurch ganz allmählich zu vergiften.

TYP 6 Der Cola-Automat

Seit der Besatzungszeit versprüht die amerikanische Erfrischungsbrause das Gefühl von Sieg und Unerschrockenheit. Ganz praktisch heißt das, dass Sie sich vor/nach/statt der üblichen Zigarette vor/nach/während des geistigen Lecks für längere Zeit rund um den Cola-Automaten rumdrücken, Kollegen um das nötige Kleingeld anschnorren, die Kaffeekasse plündern und die Münzen dann ganz wild rechts vom Wurfschlitz wundscheuern. Die verlässliche Angebotspalette des (etwas zu lauten und immer leicht verdorben riechenden) Automaten und der Wunsch, »danach« die Riesenidee zu haben, wirkt auch bei Ihnen – wider besseres Wissen. In schwachen Momenten haben Sie sogar die Zeit zu berechnen, wie viele Tausend Euros Sie schon in die Schleuder investiert haben und ab wann es sich gelohnt hätte, selbst ins Automatenbusiness zu wechseln. Keine Sorge: Ihr Chef macht diese Rechnung auch und freut sich, dass Sie ihm nicht die Bohnen vom Kopf saufen und ihn mit seiner Höllenespressomaschine (TYP 4B) alleine lassen. Dabei schätzt er den sozialen Aspekt und gibt am Geburtstag gern auch mal eine Limonade (nach Wahl) aus – glauben Sie aber nicht, dass die Sekretärin nicht in seinem Auftrag Tabellen über die durchschnittliche Verweildauer am Automaten anlegt.

TYP7 Fruchtsäfte

Sie sollen gesund sein und leistungsfähig! Nach diversen Hinweisen auf verschiedenen Kanälen von Dr. Waldemar Bankhofer hat sich Ihr Chef entschieden, den grauen Alltag durch die Zufuhr frischer bunter Saftgetränke aufzuwerten. Alles für alle zu jedem Zeitpunkt zugänglich. Und ja, es funktioniert (anfänglich). Es findet sich immer eine gute Seele, die entweder die Saftpresse vom gärenden Fruchtfleisch befreit oder die kleinen Fläschschen wieder in die Kiste räumt. Deren Größe ist industrieseitig so definiert, dass sie bei einer Flasche Ihren Durst nicht stillen, bei zwei oder drei Flaschen dann aber ein derartiges Sodbrennen bekommen, das wiederum nur mit den Pillen von der Kollegin (»Hab ich aus Amerika!«) zu stillen ist. Britische Wissenschaftler haben zudem herausgefunden: In Büros mit frisch gepressten Fruchtsäften ist das Hauptfortbewegungsmittel zwischen den Konferenzräumen das Kickboard oder der Segway. Das ist aber ein vollkommen anderes Thema.

TYP 8 - Der Flachmann

Fünfe sind auf jeden Fall gerade, und wenn's drauf ankommt, dann sowieso. Zum Runterkommen wie auch zum wieder Raufkommen hilft der kleine silberne Wegbegleiter. Erfüllt mit bester Schwarzwälder Destillierkunst genießen Sie das Vertrauen im engsten Kreis. Hier lassen Sie nicht nur wesentliche Entscheidungen, sondern auch den Geist von Kirsche, Birne und Wegkräutern durch den Kopf gehen. Durch die besondere Flaschenbeschaffenheit ist der Inhalt jedes Mal eine Überraschung, auch wenn es keine gute sein sollte – loben Sie die Provinienz! Im Zweifel kippt Ihr Chef den Stoff schon länger runter und/oder ist mit dem Hersteller mittlerweile verwandt und/oder verschwägert.

Wenn Sie selbst zu kleinen Schnapspäuschen neigen, offenbaren Sie ihr Hobby erst nach oder während der Weihnachtsfeier. Zum Wohl.

Fair geht vor

- Wenn Sie lange brauchen, sind Sie langsam.
  Wenn Ihr Chef lange braucht, ist er gründlich.
- Wenn Sie eine Sache nicht erledigen, sind Sie faul.
  Wenn Ihr Chef eine Sache nicht erledigt, ist er zu beschäftigt.
- Wenn Sie einen Fehler machen, sind Sie ein Idiot.
  Wenn Ihr Chef einen Fehler macht, ist er auch nur ein Mensch.
- Wenn Sie etwas unternehmen, das nicht Teil Ihrer Aufgabe ist, überschreiten Sie Ihre Kompetenz. Wenn Ihr Chef das gleiche tut, zeigt er Initiative.
- Wenn Sie sich nicht benehmen, sind Sie unhöflich.
  Wenn Ihr Chef sich nicht benimmt, ist er originell.
- Wenn Sie es Ihrem Chef recht machen wollen, sind Sie ein Kriecher.
  Wenn Ihr Chef es seinem Chef recht machen will, ist er kooperativ.
- Wenn Sie nicht im Büro anzutreffen sind, trödeln Sie herum.
  Wenn Ihr Chef nicht im Büro anzutreffen ist, ist er geschäftlich unterwegs.
- Wenn Sie sich einen Tag krank melden, sind Sie »ständig krank«.
  Wenn Ihr Chef sich einen Tag krank meldet, muss er dem Tode nah sein.
- Wenn Sie Urlaub nehmen, haben Sie sicher woanders ein Vorstellungsgespräch.
  Wenn Ihr Chef Urlaub nimmt, ist er sicher völlig überarbeitet.

5 Punkte, woran Sie erkennen, dass Ihr Chef ein Tyrann ist

1. Sogar weibliche Angestellte haben Deathmetal-Alben auf dem iPod.
2. Das beliebteste Gericht in der Kantine ist »rohes Fleisch mit Pommes«.
3. Die Chefsekretärin hat sich ihr Lächeln permanent fest tackern lassen.
4. Täglich kommen Amazon-Pakete mit Kriegsfilmen an.
5. Der Betriebsausflug geht in eine Bunkeranlage.

Chefisch für Anfänger

Das Büroleben ist geprägt von Floskeln und Hülsen, die wohl jeder schon einmal gehört hat. Aus zuverlässigen Quellen stammen die folgenden Übersetzungen, die die eigentliche Bedeutung der positiv klingenden Phrasen aufzeigen.

Aussage:

Unsere Mitarbeiter sind unser wichtigstes Kapital.

Bedeutung:

Ihr seid alle unterfordert und überbezahlt, und wenn es nicht so ein Krampf wäre, neue Mitarbeiter einzustellen, hätte ich Euch längst alle gefeuert.

Aussage:

Jeder kann sich aktiv an der Gestaltung unserer Unternehmenskultur beteiligen.

Bedeutung:

…, sofern diese ›Kultur‹ im Wesentlichen aus der kostengünstigen Pflichterfüllung des Einzelnen bei gleichzeitigem Verzicht auf Freizeit, Privatleben, Moral und Würde besteht.

Aussage:

Wir müssen uns den Erfordernissen des Marktes anpassen.

Bedeutung:

Ihr seid alle so gut wie gefeuert – unglaublich, wie billig Arbeitskräfte im Osten zu haben sind.

Aussage:

Wir starten Ihre Stelle jetzt mal als Testballon, und in einem halben Jahr sprechen wir dann über mehr Gehalt.

Bedeutung:

Sie sind der Testballon, und in einem halben Jahr schieße ich Sie ab.

Aussage:

Ihr Beitrag ist uns wichtig.

Bedeutung:

Wehe, Sie versuchen hier irgendwas beizutragen.

10 Gründe, woran Sie erkennen, dass Ihr Chef sich neuerdings für intellektuell hält

1. Personalgespräche führt er ab sofort auf lateinisch.
2. An der Wand hängt das Bild »Abschlussjahrgang Sorbonne 1967«.
3. Er trägt jetzt eine Brille.
4. Kurzärmelige Hemden müssen schwarzen Rollkragenpullovern weichen.
5. Es stapeln sich ausländische Tageszeitungen vor seinem Schreibtisch. Vornehmlich aus der Schweiz, Frankreich, England und den USA.
6. Er investiert in afrikanische Fotokunst.
7. Er nutzt seinen Mont-Blanc-Füller öffentlich.
8. Er steht zu seinem Alkoholismus und nennt ihn »kulturelle Errungenschaft des Winzertums«.
9. Er steht endlich zur Beziehung zu seinem »langjährigen Freund«.
10. Vor Gehaltserhöhungen müssen Sie ihn in vier Zügen matt setzen.

6 Standards, wenn die Informationspolitik entgleitet

Ihr Chef hat das Gefühl, nicht alles mitzubekommen? (Wahrscheinlich hat er gerade von *seinem* Chef die Ansage bekommen, er solle über »aktuelle Abläufe« berichten.) Es folgt eine Eskalationspyramide:

1. »Was macht ihr gerade so im Team?«
2. »Was ist denn aus den Ideen geworden, die wir letztes Frühjahr besprochen haben?«
3. »Ab sofort gibt's jeden Mittwoch einen Jour-fixe – für alle.«
4. »Wo sind die Unterlagen? Ich brauch die alle – und zwar gestern!«
5. »Setzt mich bei allen Mails ab sofort cc.«
6. »Das geht hier ab sofort alles über meinen Schreibtisch!«

5 Dinge, an denen Sie erkennen, dass Ihr Chef gestern etwas länger unterwegs war

1. Er schriebt sletsmane Mial-Ncharicthen.
2. Er hat eine XXL-Packung frittierte Hühnerteile auf seinem Schreibtisch.
3. Er kauft Blumen für seine Frau.
4. Er stellt sämtliche Telefone auf lautlos.
5. Sein Gesicht verzerrt sich, wenn aus dem Radio Dance-Hits ertönen.

»Ich möchte, dass Sie mich nicht als Ihren Chef sehen, sondern als einen guten Freund. Der immer recht hat.«

Der Chef legt viel Wert auf eine ganz unkonventionelle Arbeitsatmosphäre.

DIENST NACH VORSCHRIFT

Wenn in Stellenanzeigen nach einer gewissen Berufserfahrung gefragt wird, heißt das, dass der Kandidat/die Kandidatin bereits weiß, wann was zu tun ist und wann nicht. Was vollen Einsatz erfordert und was verdammtnochmal jeden Tag gleich abläuft. Dabei ist »Dienst nach Vorschrift» gerne auch eine Übereinkunft, die gleichbedeutend ist mit einem Nichtangriffspakt.

Dieses Kapitel hilft Ihnen schon in jungen Jahren herauszufinden, was andere dreist als Berufserfahrung verkaufen, welche Maschen sie nutzen und wie Sie beeindruckt werden sollten.

»Bei der Arbeit gebe ich immer 100 Prozent. Montags 13, dienstags 22, mittwochs 39, donnerstags 21 und freitags fünf.«

Der Chef ist begeistert von seiner eigenen vorbildlichen Haltung.

10 Wege, wie Sie der »Generation Praktikum« entwachsen

1. Bewerben Sie sich nicht auf ein Praktikum.
2. Lesen Sie keine Artikel über die »Generation Praktikum«.
3. Lesen Sie »10 nicht überprüfbare, aber angesehene Berufsstationen für jeden Lebenslauf«. (S. 30)
4. Tragen Sie keine Trainingsjacken.
5. Tragen Sie keine Turnschuhe der Marken Gola und Onitsuka Tiger, auf gar keinen Fall aber flache Converse Chucks ohne Socken.
6. Besuchen Sie keine Festivals.
7. Tarnen (bedecken) Sie Tätowierungen und Piercings.

8. Feiern Sie nicht die Nacht durch, riechen Sie danach nicht nach Red Bull.
9. Kennen Sie mindestens drei Klassiker der Weltliteratur, drei deutsche amtierende Ministerpräsidenten sowie drei einfache Gerichte zum Selberkochen.
10. Gründen Sie ein Unternehmen (und stellen Sie einen Praktikanten ein, der die oben stehenden neun Regeln NICHT beachtet).

Begriffsklärung

Chef zum Praktikanten: »Sie haben wohl noch nie etwas von einer Befehlskette gehört! Das ist die Kette, die ich gleich hole und Sie damit verdresche, bis Sie verstanden haben, wer hier das Sagen hat!«

10 absolut sichere Passwörter

1. ••••••
2. •••••••••
3. •••••••••••
4. ••••••••
5. ••••••••••••••••••••
6. ••••••••••••••
7. ••••••••••••••••••••••••
8. ••••••••••••••••••••••••••••••••••
9. •••••••••••••••••••••••••••••
10. Admin01

(Die können sie ruhig auch unter die Tastatur kleben.)

Basisinfos für das Lieblingsthema Ihres Chefs, Namedrops sowie dankbare oder zu vermeidende Small-Talk-Themen

Legende:

+++ Absolutes Expertenwissen! Sie sind sein Freund!

++ Ah, Sie kennen sich aus – es folgt: ein gutes Gespräch.

+ Guter Einwurf, da müssen Sie aber nachlegen.

+- Nette Info, haut aber keinen vom Hocker.

- Da gehen die Augenbrauen hoch.

-- Kann man sonst nur betrunken sagen.

--- Der Betriebsarzt empfiehlt: Ziehen Sie Leine.

... wenn Ihr Chef Italiener ist:

+++ »Das beste Essen kommt aus Italien.«

++ »Das beste Design kommt aus Italien.«

+ »Immer wenn ich Eros Ramazotti höre, muss ich vor Rührung weinen.«

+- »Einmal die Capricciosa mit extra Käse, bitte.«

- »Kennen Sie schon ›Maria, ihm schmeckt's nicht?‹« Haha! ›Dasse isse so lustige.«‹ Haha!«

-- »Und am Ende foulen und schwalben sich die Italiener wieder ins Finale.«

--- »Deine Mutter.«

... wenn Ihr Chef Motorradfahrer ist:

+++ »Das Schönste am Biken ist das Gefühl der Freiheit.«

++ »Am Freitag kann ich nicht, da fahre ich mit meinem Chapter zum Motorradgottesdienst.«

+ »Harley Davidsons sind was für Angeber.«

+- »Ich überlege, meine Suzuki 1400 zu verkaufen – zu wenig Power.«

- »Tempo 100 für alle Autobahnen!«

-- »Na, Chef? Ist Ihre Eierfeile immer noch nicht auseinander gefallen?«

--- »Elektromobilität ist die Zukunft.«

... wenn Ihr Chef Hobbymusiker ist:

+++ »Seit 1981 gibt es keine wirklich gute Musik mehr.«

++ »Leute, die [...] (Instrument, das der Chef spielt) spielen, sind die wichtigsten in einer Band.«

+ »Lady Gaga wird total überbewertet.«

+- »Bei Bluesrock geht mir immer das Herz auf.«

- »Ich finde Musik von CD grundsätzlich besser als live.«

-- »Ich habe mir gestern 80 Gigabyte Mp3s illegal runtergeladen. Für lau! Haha!«

--- »Ich verstehe einfach nicht, was an den Beatles so toll sein soll.«

… wenn Ihr Chef Fan vom FC Bayern München ist:

+++ »Uli Hoeneß hat seine Karriere beim 1. FC Nürnberg beendet.«

++ »Franz »Bulle« Roth schoss in drei Europapokal-Endspielen das 1:0 für den FC Bayern.«

+ »Anatolij Tymoschtschuk hat mit der 44 die höchste Rückennummer im gesamten Kader der Saison 2012/13«

+- »Der Mario Gomez ist schon ein ganz guter Stürmer – wenn er trifft.«

- »Der FC Chelsea war im Championsleague-Finale irgendwie schon besser.«

-- »Was mich ankotzt, ist diese verdammte Arroganz.«

--- »Spielt eigentlich Michael Sternkopf noch? Der hatte ja auch ’ne gute Frisur.«

… wenn Ihr Chef Scientologe ist:

+++ »Meine letztes Auditing war echt gut, in drei Jahren bin ich clear.«

++ »Hat jemand ein E-Meter-Ladegerät dabei?«

+ »Ich hab alle Beck-Alben gekauft.«

+- »Tom Cruise gefällt mir in Mission Impossible 4 am besten, da ist die Story so schön vorhersehbar.«

-- »John Travolta ist schwul.«

--- »Chef, ich brauch mehr Kohle – der Verein macht mich arm!«

... wenn Ihr Chef Fan vom FC Schalke 04 ist:

+++ »Der weiße Teil im Logo ist ein stilisiertes »G« für Gelsenkirchen.«

++ »Mein Trikot hat die Nummer von Yves Eigenrauch.«

\+ »In den nächsten fünf Jahren ist der Titel sicher.«

+- »Hans Sarpei halte ich für überschätzt.«

\- »Dortmund spielt einfach den schönsten Fußball.«

-- »Ich hoffe es gibt bald wieder fliederfarbene Auswärtstrikots.«

--- »Der weiße Teil im Logo ist ein stilisiertes »G« für Gazprom.«

... wenn Ihr Chef gerade eine Familie gründet:

+++ »Toll, dass Sie sich fortpflanzen – wir brauchen neue Eliten.«

++ »Das Kindergeld sollte verdreifacht werden.«

\+ »Hoffentlich gehen Sie nicht zu lange in Elternzeit – was sollen wir denn hier ohne Sie machen?«

+- »Kinder haben ist nicht immer einfach, aber man bekommt ja so viel zurück.«

\- »Wenn sie noch klein sind, sind sie so niedlich – aber dann ...«

-- »Oh, Sie bekommen ein Kind? Das freut mich für Sie, Sex hatten Sie ja sicher schon genug.«

--- »Ich verstehe dieses ganze Genörgel wegen fehlender KiTa-Plätze überhaupt nicht.«

… wenn Ihr Chef Heimwerker ist:

+++ »Echte Männer bauen und reparieren alles selbst.«

++ »Wow! Das haben Sie ganz alleine gebaut?«

+ »Meine Traummaschine ist mein Husqvarna-Betonmischer.«

+- »Jetzt ein Bier!«

- »Schlagbohrmaschinen machen mir immer Angst, die sind so laut.«

-- »Hängt das da oben nicht ein bisschen schief?«

--- »Vielleicht sollten wir dafür doch lieber einen echten Handwerker anrufen.«

… wenn Ihr Chef Angler ist:

+++ »Ah – wunderbar. Selbstversorgung im Einklang mit Mutter Natur.«

++ »Für Raubfische nehme ich lieber Creature Baits als Wobbler.«

+ »Sie ziehen wohl öfter mal einen dicken Fisch an Land.«

+- »Aye, aye, Käpt'n.«

- »Angeln? Da kann ich ja auch gleich die Tapete anstarren.«

-- »Ah, Sie angeln. Toll, ich liebe Fischstäbchen!«

--- »Chef, ich glaube, Ihre Hose steht offen. Oder waren Sie wieder angeln?«

... wenn Ihr Chef Golfer ist:

+++ »Sie golfen? Darf ich Sie ab heute »Tiger« nennen?«

++ »Golf – der Sport der Könige.«

+ »... da gibt mir doch mein Caddy, dieser Idiot, glatt den Pitching Wedge in die Hand – dabei standen wir mitten auf dem Fairway.«

+- »Abschlag um ein Uhr dreißig?«

- »Handicap -3? Ich wusste gar nicht, dass Sie eine Behinderung haben.«

-- »Für Golf bin ich zu jung – noch habe ich Sex.«

--- »Golf? Hatte ich auch mal. Baujahr '93 in rot. Toller Wagen.«

... wenn Ihr Chef gerade eine Scheidung hinter sich hat:

+++ »Dieses undankbare Miststück!«

++ »Seien Sie froh, dass Sie diese Furie los sind. Jetzt können Sie es wieder ordentlich krachen lassen.«

+ »Seelische Narben machen attraktiv.«

+- »Kennen Sie schon »Elitepartner.de«?«

- »Im Ernst? Jemand hat SIE geheiratet?«

-- »Sehen Sie, deswegen habe ich ja auch von vornherein auf einem Ehevertrag bestanden.«

--- »Glückwunsch! Ihre Frau ist eh schlecht im Bett.«

WELCHER FILMTYP IST IHR BOSS?

Ihr Boss liebt ganz großes Kino. Scheinwerfer! Roter Teppich! Promis! Champagner! Oder er hat zumindest ein Abo der TV-Spielfilm und kreuzt sich an, welche Sendungen er aufnehmen will?

Dann hilft Ihnen diese Typologie anhand seiner Lieblingsfilme zu erkennen, was Ihr Chef für einer ist, und wie er sich sieht (z. B. morgens im Spiegel). Daraus lässt sich auch die eigene Position wunderbar ableiten.

Castaway

Ihr Chef lebt sein Unternehmen, Feiertage sind Arbeitstage – die Familie wohnt in der Zeit die Miete für die Doppelhaushälfte ab.

Er gilt als Macher und großer Motivator und hat für sich beschlossen, modischen Trends zu entsagen. Zweifelhafte Strickmusterpullis und schlecht sitzende Hemden lenken (zumindest ihn) nicht vom Kern seiner Arbeit ab: der dauerhaften Steigerung der Unternehmensziele.

Außer, er ist unverschuldet außerhalb der Firmenreichweite, etwa im Familienurlaub im Robinson-Club Marrakesch (drei Sterne, All-inclusive, aber kein WLAN), dann verändert sich seine Persönlichkeit vollständig.

Vorsicht! Als Begleiterscheinung der sofort einsetzenden äußerlichen Verwahrlosung sind gewisse menschliche Ureigenschaften an der Tagesordnung. Das Essen wird selbst erlegt, Gefühlsausbrüche sind unkontrolliert und auch nach vermeintlichen Kleinigkeiten keine Seltenheit (»Ich habe Feuer gemacht!«-Schreie beim Ausdruckstanz im Raucherbereich). Schön auch, dass sich Ihr Chef, quasi als Ersatzdroge, mit einer Vielzahl von Volleybällen zur Führungsklausur in den Heizungskeller der Anlage zurückzieht.

Nach der Rückkehr: Ihr Chef wirkt leicht desorientiert? Ist schreckhaft, zögerlich und sozial schwer zugänglich? Herzlichen Glückwunsch – Sie teilen jetzt das Schicksal mit Hundertausenden anderer Arbeitnehmer!

Troja

Ihr Chef leitet einen traditionellen Familienbetrieb, führende Angestellte sind nicht zwingend top-qualifiziert, sondern einfach oft nur blutsverwandt. Daraus ergeben sich natürlich Rivalitäten, denn die größte Konkurrenz hat ja gern die gleichen Eltern. Vor allem wenn Frauen ins Spiel kommen. In diesem Bereich sind die Gefühle gern am Anschlag und nicht zuletzt der Grund maximaler physischer und psychischer Erschöpfung. Und die Geschichte lehrt: Der junge, aufopferungsvolle, im Zweifel auch naiv handelnde Held der Büro-Odysee, wird am Ende nur siegreich sein, wenn er den schmalen Grad zwischen Listigkeit, Treue und Mut erfolgreich beschreitet.

Batman Begins

Ihr Chef ist der smarte, sportliche und technikaffine Jungunternehmer in Vaters Firma. Geld spielt keine Rolle, er geht immer in die Vollen. Er wirkt unnahbar, etwas verrucht und ist im Zweifel leicht bis schwer verschlafen und/oder hat blaue Flecken an diversen Stellen. Wenn Sie sein Doppelleben enttarnt haben, können Sie sich entweder (unglücklich) verlieben oder an seiner Seite gegen das Unrecht kämpfen. Vorsicht: In beiden Fällen gibt es keinen Nachtzuschlag, und Strumpfhosen (oder halterlose Strümpfe) sind Pflicht.

Goodfellas

Ihr Chef gibt den großen Patron. Eine ganze Heerschar von Gefolgsleuten kümmert sich um seine Belange, von eingehenden Telefonaten über Geldgeschäfte bis hin zur Liebesanbahnung. Sein Umfeld schätzt ihn für seine Hilfsbereitschaft und »den kurzen Dienstweg«. Bereits in jungen Jahren können Sie hier den Grundstein für eine langandauernde Karriere legen. Der Einstieg erfolgt über körperliche Tätigkeiten, erst mit der Zeit können Sie Ihren Geist zu Kapital machen. A propos: Mit steigender Dubiosität des Gewerbes (Drogen, Hehlerei, Versicherungen) steigt der Stundenlohn exponenziell. Gegenüber dem Finanzamt empfiehlt es sich deshalb, sich frühzeitig eine glaubwürdige Zweitexistenz zuzulegen (z. B. Webdesign). Vorsicht: Je nach familiärer Beziehung zum Chef kann die Karriere unter Umständen eine natürliche Grenze haben, die es zu akzeptieren gilt. Ebenso wird von einem beruflichen Wechsel zur Konkurrenz deutlich abgeraten!

American Beauty

Ihr Chef hat mit vielem, was Ihre Branche an Arbeit und Ärger mit sich bringt, innerlich abgeschlossen. Auch privat hat er sich über die letzten Jahre einige Entscheidungen abgerungen. Er fühlt sich leichten Drogen ebenso zugewandt wie leichten Damen. Durch seine durch und durch zynische Art besteht für Sie die große Chance einen einzigartigen Blick hinter die Kulissen zu bekommen. Allerdings gilt es, sich zu beeilen, weil die Phase autodestruktive Züge mit sich bringt, die die Lehrzeit spontan verkürzen können.

Der Soldat James Ryan

Ihr Chef hat gedient. Und er dient immer noch: nämlich seinem Unternehmen. Dessen Ziele sind seine Ziele – eine Hinterfragung findet nicht wirklich statt, der Fokus liegt auf dem Kriegsende, sprich: der Pensionierung. Dieser Typus ist häufig in der Projektarbeit anzutreffen. Er ist aber auch ein väterlicher Freund, der weinen kann. Sein emotionales Spektrum ist enorm: Einerseits geht er über Leichen, andererseits hat er eine höchst karitative Ader, die an Selbstaufgabe grenzt.

Ihr Chef arbeitet vornehmlich in kleinen Teams, die projektbedingt im Laufe der Zeit kleiner werden können. Jeder im Team wird nach persönlichen Stärken eingeteilt, das vereinfacht die Situation. Mit ausgeprägtem Spezialwissen bzw. -fähigkeiten können sie sich hier schnell unersetzlich machen.

Großer Vorteil: Sie arbeiten im Allgemeinen für die gute Seite – Happy End nicht ausgeschlossen.

Forrest Gump

Ihr Chef hat die Fähigkeit andere zu inspirieren. Ein Handstreich genügt, um Mitmenschen zu großen Geschäftsideen zu verhelfen – seine selbstlose Art hilft, auch auf vermeintlich schlimme Situationen eine positive Sicht zu bekommen. Er selbst paart im Geschäftlichen das Glück mit einer enormen Portion Unbekümmertheit.

Von Zeit zu Zeit könnten Sie das Gefühl bekommen, dass Ihr Chef intellektuell eher herausgefordert wirkt, vornehmlich mechanische Tätigkeiten fallen ihm jedoch sehr leicht. Durch seine zutiefst menschliche Art hat er sich in der Vergangenheit ein breites Netzwerk zu den verschiedensten Persönlichkeiten der Zeitgeschichte geschaffen, was ihm jedoch herzlich egal ist. Er lebt nur im Hier und Jetzt. Vorsicht: Das Vorstellungsgespräch kann unter Umständen mehrere Stunden dauern und Züge eines Monologs tragen. Wenn Sie zwischendrin unkommentiert aufstehen und gehen, ist das aber auch egal.

Die Truman Show

Sie haben das Gefühl, alles in ihrem Arbeitstag ist irgendwie fremdbestimmt? Pünktlich wenn Sie aus dem Haus gehen und sich aufs Fahrrad setzen, beginnt der Regen, der ebenso pünktlich beim Betreten des Büros wieder aufhört. Täglich begegnen Ihnen zur gleichen Zeit die gleichen Menschen. Ja, denn es ist Ihr Chef, der hier Regie führt. Er hat etwas mit

Ihnen vor, will Sie lenken und dirigieren. Jede Sekunde ihres Daseins hängt von seiner Gunst ab, jede Entscheidung wird nach seinem Masterplan getroffen. Aber: Auch er braucht Sie! Sie sind der Hauptdarsteller, der Dreh- und Angelpunkt der Szene. Und Sie sind ihm ans Herz gewachsen, also nutzen Sie die Chance. Überprüfen Sie Ihren Handlungsspielraum nach dramatischen Orten – gehen Sie genau dort hin. Dort ist die Freiheit. Allerdings müssen Sie ab hier die ganze Chose auch selbst geregelt bekommen (vgl. dazu: Die Bibel, Vertreibung aus dem Paradies).

Haftungsfragen

Assistentin: Unsere Kunden überhäufen uns mit Beschwerden wegen der schlechten Produktqualität.

Chef: Wir sind Händler, Schätzchen. Für Produktqualität haftet der Hersteller! Schreiben Sie ihm gleich mal einen Beschwerdebrief, das können wir nicht auf uns sitzen lassen.

Assistentin (schreibt): »Sehr geehrter Herr Steller, …«

Die Schwächen der Oberen

»Wir dürfen davor nicht die Augen verschränken.«
Einsatzformel der Krisenreaktionskräfte

»Der Dalai-Lama hat gesagt …«
Im Allgemeinen verstärken Zitate von Persönlichkeiten das Gesagte. Über Aussagen von entfernten Verwandten oder ähnlich klingenden Personen liegen jedoch keine belastbaren Untersuchungsergebnisse vor.

M: Kannst du mir die Mail vom Schlingermeier mal bitte weiterleiten?
A: Ähm, ähm … – ja, dann musst du die aber unbedingt abspeichern.
M: Wieso?
A: Na, weil wenn ich dir die schicke, dann ist sie ja aus meinem Postfach raus.
Sonstige Kenntnisse: MS-Office (Grundkenntnisse)

»Wir haben nicht viel Zeit heute, da müssen wir ökologisch vorgehen.«
Leitlinien der nachhaltigen Bürowirtschaft Teil 928.

»… wenn mal wieder die Feuerwehr brennt.«
Neue Ergebnisse der Ursache-Wirkungsforschung

»Im Moment laufen nur Ghostbusters im Kino. Das ist mir zu mainstreamig.«
Meint wohl Blockbuster. Manchmal lohnt es sich noch einen Block bzw. Blick in die Zeitung zu werfen, bevor man Geisterjäger zu Kassenschlägern macht.

»Das kann ich so aus der Lamelle nicht sagen.«
Neue Untersuchungen der Inneren Medizin zeigen, dass bislang unbeachtet sogenannte »Lamellen« das Bauchgefühl, bzw. neuronale Entscheidungsprozesse ersetzen oder übertünchen. Eine echte Gefahr, vor allem für Heimwerker.

»Wir dürfen keine scheuen Hunde wecken.«
Leitmotto der Briefträger-Innung (Abt. Pädagogik), neuerdings auch im Bereich der Kaltaquise vorherrschend. Führt mittelfristig allerdings zur Insolvenz.

»Weihnachten werd' ich mich zum Mund schießen.«
Aufenthalt in der Chirurgie bis Silvester nicht ausgeschlossen.

»Wir müssen Eckflanken und Leuchttürme aufbauen!«
Merke: Für verständliche Motivationssprüche immer große Bilder im Kopf der Zuhörer erzeugen. Zur Inspiration: Zwei Partien Scrabble in der Mittagspause.

»Und, bist du im Film?«
Oftmals nicht der Fall, wenn Mitarbeiter in so vielen Bildern sein sollten (25 pro Sekunde), dass daraus einzelne Sequenzen werden. Tipp: Popcorn auftauen und frühzeitig Karten fürs Kopf-Kino kaufen!

»Ich geh jetzt nach Hause und lass die Beine bummeln.«
Neumodischer Krankheitsgrund am nächsten Tag: Immobilität. Ebenso, wenn man sich zu oft bei der Arbeit ein Bein ausreißt.

»Es gibt Kollegen, die lassen einfach freitags die Hände fallen.«
Warum »Die 5 Tibeter« auch im Büro funktionieren ...

»Wir müssen unbedingt die Stangenfahne hochhalten.«
... denn Image ist alles.

»Da müssen wir mal nachhacken!«
Gärtnerlogik, die im Marketing zu erhöhtem Tastaturverschleiß führt.

»Ich hatte heute noch nichts im Mund.«
Auch außerhalb der Weihnachtsfeier keine Einladung/Aufforderung/Annäherung zum oralen Liebesspiel, sondern lediglich die Feststellung, das gute Ideen meist durch den Kopf gehen und manchmal Ausnahmen möglich sind.

»60 Jahre BDR und 60 Jahre DDR«
Das Gesamtwerk von Guido Knopp muss sich die Frage nach dem Verbleib eines Glossars durchaus gefallen lassen.

»Wir haben vor einigen Wochen eine dringende Anfrage erhalten.«
Und umgehend an die Prokrastinations-Abteilung weitergeleitet.

»Da platzt mir innerlich der Kragen.«
Schön! Macht außen keine Flecken, und man kann das Hemd/die Bluse evtl. am nächsten Tag nochmal tragen.

»Wir müssen Himmel und Hölle in Verbindung setzen.«
Für alles andere fragen sie einfach die Auskunft.

»Das sollten wir klären, bevor der Apfel in den Brunnen gefallen ist.«
Da der Krug (Abt. 7/IT) bereits bis zum Brunnen gebrochen hat (Überdosis Apfelsaft), muss er sowieso getragen werden. Da ist jeder Rat hilfreich.

»Bi-ra-te-tal«
Wechstaben verbuchselt. Wer damit die zwei Partien Scrabble in der Mittagspause gewinnt, kann früher Schluss machen. Mit der netten, aber anstrengenden Praktikantin beispielsweise.

Zielführende Kommunikation ins Ruhrgebiet:

Chef: »Glauben Sie, das passt, wenn ich schreibe ›Herzliche Grüße ins schöne Gelsenkirchen‹?«

Mitarbeiter: »Ja warum denn nicht?«

Chef: »Nicht dass die glauben, wir wollten sie verarschen.«

IT-Sprache für Führungspersonen

- »Das soll alles einfach per Drep-and-Drop funktionieren.«
- »Den Internet Exploder find' ich nicht so gut, ich nehm lieber den Mozarella.«
- »Das muss ich nachschauen, aber ich hab's in meinem Bookmax.«
- »Wie heißen nochmal die Zugangsdaten zu unserem Surfer?«
- »Solche Sachen öffne ich immer mit dem Akrobat Raider.«
- »Mein Computer hat acht Kickerbyte RAM.«
- »Setzen Sie mich ab sofort immer in CT!«

Lernen von den Großen

Angestellter ruft an: »Chef, ich komm heute nicht. Ich bin krank.«

Chef: »Wissen Sie, wenn ich mal krank bin, schlafe ich mit meiner Frau. Danach geht's mir viel besser. Versuchen Sie das mal.«

Angestellter: »Ist gut, mach ich.»

Nach einer Weile ruft der Angestellte noch einmal an: »Sie hatten recht, Chef, das funktioniert wirklich! Ich fühle mich tatsächlich viel besser. Und Sie haben übrigens ein wirklich schönes Haus, mein Lieber.«

10 Grußformeln aus der Hölle

Falls Sie sich bisher nicht sicher waren, wie E-Mails und SMS alternativ zu »Mit freundlichen Grüßen« enden können, sind Sie vermutlich auch schon geneigt gewesen, auf einen denglischen Begriff oder eine andere »lustige« Wortkreation zurückzugreifen. Die Autoren möchten, zum Wohle der Nachwelt, diesen Raum nutzen, um endlich eine Bannliste für die Ewigkeit anzulegen. Wer dennoch eines der folgenden Idiome benutzt, wird mit Fischfrikassee nicht unter 10 Jahren bestraft.

1. Oh keh – senk ju!!!
   Die 5 in Englisch ist keine Entschuldigung!

2. Okeh kuhl
   Jetzt reichts! Setzen! 6! Und die Eltern kommen zum Termin!

3. Okidoki/Okillidokilli
   Geht nur als Ned Flanders bei den Simpsons, und so will sich ja eigentlich keiner selbst präsentieren.

4. Bis Danzig
   Ging weder während der EM noch vorher oder heute. Nur wenn man sich zu einer entsprechenden Auslandsreise verabredet.

5. Tschüsseldorf
   Nur wenn Sie Ihren Job in Köln und jegliche Kontakte zu alten Kollegen mit sofortiger Wirkung beenden wollen.

6. Tschausen
   Lässig, wenn Sie es geschafft haben mit der Zeitmaschine in einer Agentur Anfang der 90er gelandet sind. Sonst nicht. Auch nicht auf dem Bau.

7. Grüßlis
   Gutgemeinte Verabschiedung für auf den Weltfrieden hoffende Grundschul- und Kunsterziehungslehrerinnen mit schwäbischem Migrations- oder Bildungshintergrund. Und nur für die.

8. Coolio
   Zeigt Musikkompetenz für gescheiterte HipHop-Artisten der 90er Jahre. Wenn Sie da stehen geblieben sind, verabschieden Sie sich ruhig so. Ist leider gar nicht »cool«, und das Präfix verleiht ihrer Grußformel auch kein italienisches Flair.

9. Bis Baldrian
   Da schlafen dem Empfänger garantiert die Füße ein.

10. Greetz
    Hey Yo, Bro, das ist voll jugendlich! NICHT. Wirkt weder süß, noch abgeklärt, sondern hauptsächlich anbiedernd und aufgesetzt. Außer Sie tragen mit Mitte 30 die Mütze auch noch mit dem Schirm nach hinten. In dem Fall ist sowieso alles zu spät.

Sachzwänge

Chef: »Also, Leute. Ich habe Ärger mit dem Betriebsrat, weil Ihr alle zu viele Überstunden macht. Darum geht jetzt jeder, der einen Laptop hat, nach Hause und arbeitet von dort aus weiter.«

Experten-Tipp: Wie gut war mein Urlaub?

- Die Tasse Filterkaffee auf ihrem Schreibtisch ist noch warm?
  Antwort: ZU KURZ.
- Sie haben ihre Passwörter vergessen?
  Antwort: GENAU RICHTIG.
- Jemand sitzt an ihrem Platz?
  Antwort: ZU LANG.

Zielführende Kommunikation im Ruhrgebiet:

Mitarbeiter: »Sollen die Papiere IN oder AUF das Paket?«

Chef: »Nein! BEI das Paket!«

MAHLZEIT!

Vielleicht wäre das alles gar nicht so schlimm. Wenn es nicht Routine wäre (»Jeden Mittwoch geh'n wir zum Italiener, da gibt's Fleischplatte al Forno.«). Wenn man nicht immer den gleichen Menschen gegenübersitzen würde. Wenn man sich nicht zwischen 11 und 13 Uhr leeren Hirns wie Magens nur mit »Mahlzeit» begrüßen und verabschieden würde. Wenn es nicht aus Mangel an Alternativen DAS einzige übergreifende Thema wäre. Wenn sie etwas länger wäre. Oder: wenn man endlich mal eine hätte – die Mittagspause. Der Schmelztiegel unbekannter Speisen und uninteressanter Gespräche. Dieses Kapitel hilft Ihnen dies grundsätzlich zu ändern – ab morgen wird alles anders. Schenkelklopfer, Premium-Witze und solide Informationen. Nur am Essen können wir nichts ändern.

Ehrlich währt am längst

Journalist zum Chef: »Wie viele Leute arbeiten in Ihrem Unternehmen?«

Chef: »Ungefähr die Hälfte meiner Mitarbeiter.«

Der ehrliche Speiseplan

Was die lecker aussehenden Fotos in der Kantine tatsächlich zu bedeuten haben.

Die gute Nachricht: Es gibt ein Salatbüffet in Ihrer Firma. Frisch und knackig lockt die Rohkost, verheißt Gesundheit und langes Leben, die Vitalstoffe urig um eine Flasche kalt und gnadenlos gepressten Olivenöls ausdünstend. Aber Sie kennen die Wahrheit: In der Kantine gilt nach wie vor, wer Salat isst, ist selber schuld. Schlappe Salatlappen, die Ränder braun wie altes Pergament, wabbelige Möhren, Formfleischvorderschinkenwürfel aus Zellulose und Kräuter aus der Gefriertrocknungshölle werden in einem Joghurt-Mayonnaise-Dip ersäuft. Vegetarier leben zwar gesünder, aber mit Sicherheit nicht in der Firmenkantine.

Meinung des Chefs: »Salat ist was für Luschen.«

Uuuuuuuh, bei Ihnen gibt es Sushi in der Kantine. Da können Sie sich ja glücklich schätzen, denn die japanische Häppchenspeise ist bekanntermaßen gesund und lecker. Vorausgesetzt allerdings, die Hauptzutaten, Fisch und Reis, sind frisch. Eine

Herausforderung für jeden Kantinenchef, denn der kennt Fisch in der Regel nur als tiefgekühlten Fleischersatz. Und Reis – naja – »für wenn's mal Hühnerfrikassee gibt.« Sofern Ihr Unternehmen keinen echten Sushi-Koch eingestellt hat, sollten Sie nicht davon ausgehen, dass das Kantinensushi auch nur annähernd etwas mit der obigen Abbildung zu tun hat. Erwarten Sie stattdessen kleine Reisklößchen mit Paniermehl und einem Stückchen Scholle Finkenwerder Art oben drauf.

Meinung des Chefs: »Sushi? Arbeitet die nicht in der Buchhaltung?«

Vorsicht! Hier lauert Etikettenschwindel. Es soll sich um glasiertes Entenbrustfilet an Saisongemüse mit Trüffelsauce und Kartoffel-»Mash« handeln. In Wirklichkeit ist es aber ein etwas zu lange eingelegtes Stück Fleisch vom Körper einer hessischen Hirschkuh, die der Koch letzten Herbst angefahren (Sommerreifen), dann vorsichtshalber mitgenommen und zerstückelt hat und auf einem Haufen Dosen-

gemüse neben herkömmlichem Instant-Kartoffelbrei platziert. Den Unterschied zwischen Ente und Wild, so sein Argument, schmecken sowieso nur die Wenigsten. Inzwischen werden einfach die Beilagen mit illustren Namen versehen, um von der

Misere abzulenken. Kartoffel-»Mash« ist nämlich nicht mehr als langweiliger Kartoffelbrei (Instant), und was das Saisongemüse in Wirklichkeit ist, das wollen Sie gar nicht wissen.

Meinung des Chefs: »Naja, Hauptsache Fleisch.«

Es ist mal wieder Pasta-Tag, wie schön. Achten Sie gerade bei Nudelgerichten in der Kantine auf die Art der Bewerbung. Was sehen Sie? Einen Teller dampfende Maccaroni? Eine einzelne Farfalle? Der Klassiker, die Stäbchennudel Spaghetti, wird nach altem sizilianischem Brauch stets als Haufen abgebildet, das obligatorische Basilikumblättchen keck daraus hervorlugend. Sollte es sich aber wie hier um eine einzige, schäbige Gabel handeln, um die das Teigwerk attraktiv herumgewunden ist, dann sollte Ihr Misstrauen geweckt sein. In der Regel will die Kantine mit derartigen Abbildungen nur den Anschein von Exklusivität erwecken, vergleichbar mit den enttäuschend winzigen Portionen in Drei-Sterne-Restaurants. Besonders gewitzte Küchenchefs locken mit dem Versprechen, dass die Pasta heute besonders Kalorienarm ist.

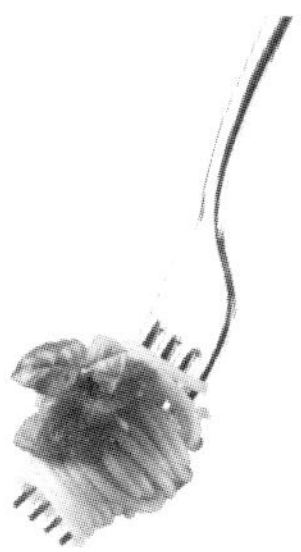

Meinung des Chefs: »Ich nehm das Schnitzel.«

Wenn Sie beim Betreten der Kantine eine Mariachi-Band hören oder das Kantinenpersonal Sombreros trägt, sind mal wieder Mexiko-Wochen. Darüber freuen sich zumeist nur Fans wurmhaltiger Schnapsgetränke und Leute, die keine

Angst vor Durchfallerkrankungen haben. Mexiko-Wochen sind ein Vorwand, tagealte Essensreste in diffusen Tellergerichten zu verwerten, deren zweifelhafte Herkunft durch einen ordentlichen Schuss Tabasco und einige Gramm des magischen Todes-Chili vom Popocatepetl getarnt wird. Es gilt die Faustregel: Je schärfer, desto gammel. Außerdem gut zu wissen: Die Kohlenhydratquellen Taco und Nacho (s. Abb.) sind Nebenprodukte aus chinesischen Kartonagenfabriken. Das schmeckt man allerdings nur, wenn man sie pur genießt.

Meinung des Chefs: »Ay caramba!«

Bei diesem Bild lohnt sich ein genauerer Blick: Sehen Sie das Glas Wein, das unscharf im Hintergrund herumsteht? Dies ist ein psychologischer Trick – die Inaussichtstellung des Unerreichbaren. Schließlich weiß jeder, dass Alkohol bei der Arbeit verboten ist. Hier wird mit den Sehnsüchten der Belegschaft gespielt, die sich in der Sicherheit wähnen, dass allein der Anblick des saftigen gegrillten Steaks (Ihre Kantine besitzt gar keinen Grill), ihr das Wasser im Munde zusammen laufen ließe. Tatsächlich aber wird das niedere Verlangen angesprochen, sich während der Arbeitszeit dem angenehm stumpf machenden Rausch eines schweren Burgunders hinzugeben.

Kommentar des Chefs: »In vino very much!«

Hmmmm – frisch geschnittenes Stangenkörnerbrot vom italienischen Feinkostladen, dazu ein hauchdünnes Scheibchen Parmaschinken, garniert mit ... ist das tatsächlich eine Feige? Derlei Bildwerk in der Kantine verdient nichts als höhnisches Gelächter, es sei denn, Sie arbeiten bei einem Schweizer Luxusuh-

renfabrikanten. Natürlich handelt es sich hier in Wahrheit um nichts anderes als das Rückgrat der westlichen Meeting-Kultur, die Grundlage jedes Bruttoinlandsprodukts: das Schnittchen. Schnittchen gehören zum Geschäftsleben wie Zitrone zu Kaviarhäppchen. Und nein, auch die wird es in Ihrer Kantine niemals geben. Lassen Sie sich nicht für dumm verkaufen, wachen Sie auf! Was Sie maximal erwarten können, ist ein Brötchen von vorgestern, belegt mit Schlackwurst oder schwitzendem Schnittkäse auf dem Majo-Bett, garniert mit einer dehydrierten Gurkenscheibe. Oder dachten Sie, Sie sind hier auf einer Kreuzfahrt?

Kommentar des Chefs: »Ich geh' rüber zum Italiener.«

8 Formulierungen, um den Kantinenmitarbeitern wider besseres Wissen Lob auszusprechen (z. B. zu Weihnachten)

1. Ich hoffe, die Ratte stammte aus Freilandhaltung.
2. Das Schnitzel heute war ja von einem echten Lebensmittel kaum zu unterscheiden.
3. Ist ihre Schürze leicht lauwarm? Hmm, sieht lecker mariniert aus. Nehm ich. Mit Salat.
4. Hier wird einem das Abnehmen leicht gemacht.
5. Vielen Dank, das war eine sehr … interessante Erfahrung.
6. Bitte bestellen Sie dem Hühnerfrikassee meine besten Glückwünsche zum Geburtstag.
7. Hier geht's ja zu wie im Dschungelcamp.
8. Jetzt brauch' ich erst mal 'nen Schnaps.

6 GUTE GRÜNDE, SICH NICHT MIT DEM CHEF BEI FACEBOOK ANZUFREUNDEN

[...] OH MANN ICH HASSE MEINEN JOB!! Mein Boss ist ein perverser W*#hser! Immer zwingt er mich, totale Scheißaufgaben zu machen, nur um mich zu ärgern!! AR#&%LOCH! (tatsächlich so passiert)

Gestern um 18:43 • Kommentieren • Gefällt mir
Chef: Hallo [...]. Ich nehme an, Sie haben vergessen, dass Sie mich hier geadded haben?
Erstens, hören Sie auf mit dem Eigenlob.
Zweitens, Sie arbeiten seit fünf Monaten hier und
haben immer noch nicht mitgekriegt, dass ich schwul bin? Ich weiß, ich tucke nicht wie eine Queen durchs Büro, aber es ist wirklich alles andere als ein Geheimnis.
Drittens, diese »totalen Scheißaufgaben« sind Ihr Job, wissen Sie, Dinge, für die ich Sie bezahle. Aber die Tatsache, dass Sie es tatsächlich schaffen, die einfachsten Aufgaben zu versemmeln, könnte damit zu tun haben, wie Sie sich damit fühlen.
Und zu guter Letzt scheinen Sie ebenfalls vergessen zu haben, dass Sie noch zwei Wochen haben, bis Ihre sechsmonatige Probezeit vorbei ist. Kommen Sie also gerne morgen rein. Ihre Kündigung lege ich Ihnen in Ihren Posteingang, und Sie können gerne jederzeit vorbeikommen, um die Sachen abzuholen, die Sie noch hier haben. Und ja, ich meine es ernst.

Gestern um 22:53
Schreibe einen Kommentar ...

[...] An alle Kollegen: Wir machen heute alle früher Feierabend, in Jojo's Bar ist Happy Hour bis 20 Uhr. Und keine Angst, der Chef ist nicht da – wenn alle dicht halten, kriegt der Alte das nie raus. :)

Gestern um 15:43 • Kommentieren • Gefällt mir
Chef: LOL

Gestern um 15:55
Schreibe einen Kommentar ...
[...] yeah voll cool. ich so zum chef bin voll krank, mir is schlecht und so. da hat er mich nachhause geschickt und ich soll zwei tage frei machen. haha voll der idiot! jetzt erst mal zwei tage party yeah!!!!!!

Gestern um 11:18 • Kommentieren • Gefällt mir
Chef: Sehr geehrte Frau [...], vergessen Sie nie, mit wem Sie »befreundet sind«, obwohl das mit Sicherheit der falsche Begriff für unsere nun endende Beziehung ist. Betrachten Sie sich als gekündigt!

Gestern um 13:26
Schreibe einen Kommentar ...
[...] oh shit.

Gestern um 18:44
Schreibe einen Kommentar ...
[...] Suche ab sofort einen neuen Job. Meine Arbeit ist so ätzend und anstrengend, ich halt's nicht mehr aus. Aber da ich das Geld brauche, will ich erst etwas neues finden, bevor ich dem alten Sack meine Kündigung unter die Nase halte. Wer was weiß, bitte Bescheid sagen. THX

Gestern um 19:13 • Kommentieren • Gefällt mir
Chef: Oh. Sie verlassen uns? Interessant. Vielleicht kann ich Ihnen da weiter helfen. Bei H&M werden immer Leute zum Pulloverfalten gesucht. Viel Gück.

Gestern um 20:01
Schreibe einen Kommentar ...
[...] Ich weiß, ihr seid alle neidisch! Mauritius ist ein Traum. Wir liegen im weißen Sand und trinken jetzt eine Caipi. LG aus dem Sonnenparadies. Knutsch*

Gestern um 18:53 • Kommentieren • Gefällt mir
Chef: Komisch, auf Ihrem Attest stand »Tinnitus» ... Oder ist das eine Nachbarinsel von Mauritius? Naja, machen Sie sich nichts draus. Bald können Sie ganz lange Urlaub machen, und das ganz ohne Krankenschein.

Gestern um 20:11
Schreibe einen Kommentar ...
[...] Meine Jüngste hat heute ein Foto von meinem Chef gesehen und spontan gerufen »IIIIIH, wie eklig!» LOL, die Kleine hat's einfach drauf. Ich bin so stolz.

Gestern um 12:13 • Kommentieren • Gefällt mir
Chef: Ach ja, wie süß. Bitte kommen Sie am Montag um 14 Uhr in mein Büro.

Gestern um 15:07
Schreibe einen Kommentar ...
(Quelle: lamebook.com)

8 Disziplinen für die tägliche Dosis Bürofitness in Körper, Geist und Seele

1. **Kampflochen.**
   > 300 Pressemappen in 2:30 Minuten.
   > Trainiert die Hand-Auge-Koordination, außerdem die Handmuskulatur.
   > Vorbereitung: langsame Steigerungen, kurze Pausen, den Praktikanten sagen, sie können Schluss machen.
2. **Papierschleppen.**
   > 12 Kisten Kopierpapier über 3 Stockwerke in 30 Minuten.
   > Trainiert den Bizeps sowie die untere Rückenmuskulatur. *Tipp*: Vorher Schadensfall mit der Krankenversicherung klären oder Rückenschule bei der VHS besuchen.
   > Zur Vorbereitung: Einzelne Packungen sinnlos und unbemerkt über den Flur tragen. Dosis nach und nach erhöhen.
3. **Bürostuhl-Wettrollen**
   > Mind. 30 Meter langer Flur, hin und zurück oder als Staffellauf.
   > Trainiert den Fuß- und Wadenbereich. Ellenbogen schützen!
   > Vorbereitung: Rollen gut ölen, am Stuhl des Kollegen sägen.
4. **Liftlotto**
   > Lift mit mind. 10 Stockwerken, Augen verbinden, wahllos ein Stockwerk drücken, dann Orientierungslauf zum Schreibtisch. Für bis zu 10 Personen, kein Zeitlimit.
   > Trainiert die Kondition und die sozialen Kontakte im Firmengebäude.
   > Zur Vorbereitung: Fluchtplan auswendig lernen, Deo und Schuhe mit gutem Fußbett kaufen, lächeln üben.

5. Hardcore-Faxen
   > Faxgerät auf die Mobilnummer des Kollegen umleiten, warten. Nur für zwei Mitspieler.
   > Trainiert die Lachmuskeln bzw. das Stresstoleranz-Niveau
   > Vorbereitung: Bedienungsanleitung gut durchlesen.
6. Darwin-win-Situation
   > Vergleichen Sie eingehende Pflanzen und eingehende Mails. Nur ein Spieler, Dauer: bis zu drei Jahre (in der Garten-Abteilung des Baumarktes oder der Friefhofsgärtnerei)
   > Trainiert das Verständnis für die moderne Welt an der Schnittstelle zwischen Natur und Technik.
   > Vorbereitung: Pflanzen gut sichtbar postieren, dann ignorieren. Singles sind dank Training im privaten Umfeld im Vorteil.
7. **Notizzettelkunstflug**
   > Nicht sorgfältig geheftete Akten mit Wucht zuklappen. Die am weitesten entfernte Notiz gewinnt. Mitspieleranzahl unbegrenzt.
   > Trainiert die Schnellkraft. Außerdem die Gründlichkeit des Reinigungspersonals.
   > Zur Vorbereitung: Klodeckel schließen.
8. **Cocktailmixer**
   > Sammeln Sie verschiedene Tabletten von Kollegen, am besten gegen unterschiedliche Krankheiten (z. B. Migräne, Depression, Magengeschwür, Sodbrennen, Schilddrüse). Jeweils zwei Stück mit 0,2l Wasser (oder Schnaps) auf Ex. Dazu Musik von Amy Winehouse oder Whitney Houston. Mitspielerzahl unbegrenzt.
   > Trainiert nach überstandenen fünf Runden Ihr Ansehen beim polytoxischen Teil der Belegschaft.
   > Zur Vorbereitung: Die Notrufnummer auf die Kurzwahltaste.

5 höchstwahrscheinlich erfolgreiche Slogans für die Wahl zum Betriebsrat

1. »Arbeitslosigkeit bei vollem Lohnausgleich!«
2. »Nutten und Koks für alle!«
3. »Für jeden Arbeitnehmer drei KiTa-Plätze!«
4. »Für die Drei-Tage-Woche!«
5. »Werktätige, verwüstet eure Büros! Beschmiert euch und eure Kollegen mit Sprühsahne und feiert die Liebe!«

7 Sprüche, die Sie sich – auf ein T-Shirt, eine Tasse oder ein Mouse-Pad gedruckt – zum 25-jährigen Betriebsjubiläum schenken können oder nach einer Geschäftsidee suchen

T-Shirts! Mit lustigen Sprüchen! Die absolut beste Geschäftsidee seit der Erfindung des Casual Fridays. Wenn Sie ganz schnell sind, können Sie sich hier bedienen, und diese sieben fulminanten Top-Gags auf ein Kleidungsstück Ihrer Wahl drucken lassen. Verhökern Sie die Teile zu horrenden Preisen an Ihre Kollegen und gönnen Sie sich nach dem erlangten Reichtum einen Abgang nach Maß. Oder einfach einen Tag länger Urlaub.

- *Vorne*: Es ist leichter einen Orgasmus vorzutäuschen als Arbeit.
  Hinten: Da kenn' ich mich wenigstens aus.
- Vorne: Der Chef ist mein Vorbild, ...
  Hinten: … und Bilder hängt man auf.
- Vorne: Ich liebe Arbeit!
  Hinten: Da könnt ich stundenlang zuschauen.
- Vorne: Für Geld tue ich alles!
  Hinten: Sogar arbeiten.
- Vorne: Best Boss Awards 2008
  Hinten: Platz 1.499
- Vorne: Ich bin nicht kindisch, Kollege!
  Hinten: Hände hoch! Das ist eine Bananen-Pistole.
- Vorne: Mein Chef ist Gott
  Hinten: Und ich bin Atheist.

Zauber der Hierarchie

Um sich mehr Respekt unter seinen Mitarbeitern zu verschaffen, hat der Chef ein Schild an seiner Tür angebracht, auf dem steht: »Ich bin hier der Boss!« Nach der Mittagspause spricht ihn seine Assistentin an: »Chef, Ihre Frau hat angerufen. Sie will ihr Schild wiederhaben.»

ALLES. AUSSER ARBEIT.

Aufmerksamkeitsdefizit oder Prokrastination sind nur zwei von der Wissenschaft gern bemühte Erklärungsmuster, um die unproduktive Phase zwischen Mittagessen und Feierabend zu beschreiben. Die Zeit, in der sich Sinnfragen, Bürotratsch und endloser Internet-Gebrauch abwechseln oder auch überschneiden.

Dieses Kapitel hilft Ihnen, diese Zeit zu überbrücken. Aus den einzelnen Seiten können Sie zum Beispiel tolle Papierflieger bauen. Muss aber auch nicht jetzt sofort sein, vielleicht passiert ja bei Facebook gerade was Spannendes, oder es fliegt gerade ein Vogel am Fenster vorbei.

> »Niemand geht vor seiner Zeit – es sei denn, der Chef macht früher Schluss.« *Groucho Marx*

Was für ein »Scheißtag«

Als Scheißtage wurden in Süddeutschland und Österreich unter Knechten die zusätzlichen ein bis drei unbezahlten Arbeitstage bezeichnet, die die von ihnen beanspruchte Zeit für die Verrichtung des Stuhlgangs während der vereinbarten Anstellung ausgleichen sollten.

Diese Praxis gab es im 18. und 19. Jahrhundert, vereinzelt sogar bis in das frühe 20. Jahrhundert. Die »Scheißtage« wurden nach Ablauf des Dienstvertrages, meist nach Lichtmess oder am Ende eines jeden Jahres am 29. Dezember geleistet.

Heutzutage wird der Begriff »Scheißtag« vulgär-umgangssprachlich für einen schlechten Tag verwendet.

Quelle: Wikipedia

7 Gründe, woran Sie merken, dass im Büro etwas nicht stimmt

1. Es ist ein Fehler im System.
2. Man lächelt Sie freundlich an.
3. Ihre Kollegen halten Ihnen einen Platz in der Kantine frei.
4. Sie machen samstags was mit Freunden/der Familie.
5. Ihre Idee wurde ohne Änderungen durchgewinkt.
6. Ihnen wird eine Gehaltserhöhung aufgezwängt.
7. Sie bekommen einen neuen, bequemeren Bürostuhl.

Bürogezwitscher

Alles muss raus! Besonders der ganze Frust. Kleine Gemeinheiten und großes Wehklagen werden heutzutage nicht auf der Firmentoilette herausgeschrien, sondern getwittert. Alles in 140 Zeichen.

Beltenwummler @beltenwummler
»Was läufst du denn mit dem Ladekabel die ganze Zeit quer durchs Büro?« – »Kann mein iPhone nicht finden und versuche es damit anzulocken«

Das Dackel Orr! @murkspad
»Im Garten sitzt eine Krähe. Habe ich durchs Telefon gehört. Ihr Büro ist doch zum Garten raus?« »Nein, die Tür zur Kollegin ist auf.»

svenwa @svenwa
Bei der Hitze kann doch kein Mensch richtig schlafen, im Büro!

Ein Mädchen @ein_maedchen
Einfach mal über die Lippen und Mundwinkel wischen, wenn man das Büro vom Chef verlässt.

Ben dann mal weg @SE7ENBEN
Ich werde gerade angestarrt. Eines Tages gibt sich die Katze im Büro sicher als Günter Wallraff zu erkennen.

Muermel @Muermel
Seit ich die Frage »Können Sie Powerpoint?« lachend mit »Nein, aber MS Paint!« beantworte, habe ich viel mehr Ruhe im Büro.

Phrasensprenger @phrasensprenger
Es gab auch Zeiten, da schlief ich unter der Brücke. War aber der Chef dort. In unserem Haufen war ich eine richtige Unterführungsfigur.

Sven @inselblog
Ich hätte das Bier für's Festival nicht mit ins Büro nehmen sollen. Bin jetzt sturzbetrunken, muss 400km Auto fahren u. neues Bier kaufen.

Christian Naß @quatschnass
Mein Chef sagt, man soll sich für den Job kleiden, den man will, nicht für den, den man hat. Sitze nun im Batmankostüm beim Vorstandsmeeting.

Urk @sayhelloPete
»Moin Chef, was machen Sie in meinem Schlafzimmer?« »Das ist Ihr Büro und das Kissen fliegt raus!«

charlie brown. @abusehername
Des erste, was mein Chef macht, wenn er morgens in der Arbeit ankommt: he turns the Leid on.

Sie Mone @Mone_Sie
Um den Spaßfaktor im Büro zu erhöhen, Zinsberechnungen einfach mal mit dem Taschenrechner machen, auf dem die Zahlen total abgegriffen sind.

Rob Irgendwer @Rob_Irgendwer
»Wenn ich groß bin, dann …« – »Du bist 38 Jahre und 1,92 m!« – »LASS MICH HALT! An meiner Autorität im Büro arbeite ich noch.«

wernaA @pfefferstreu
Ich glaube, Chef hat gesagt ich muss Überstunden machen. Habs nicht richtig verstanden, weil ich eingeschlafen bin, während er geredet hat.

555SCHUH @555SCHUH
Hallo Chef, ich kann heute leider nicht zur Arbeit kommen. Ich bin total dehydriert und hänge über dem Eimer.* (*bin auf Malle)

Mr. Riöös @kidfrost76
Ich würde nicht sagen, dass es heute schwül ist, aber zum Schutz vor Anophelesmücken zünde ich gerade Rauchspiralen im Büro an.

Chuck B. Waumiau @DrWaumiau
ProTipp: Wenn die unfreundliche Putzfrau im Büro den Besen in die Hand nimmt, einfach mal »Fegen Sie oder fliegen Sie gleich weg?« zurufen.

Königin Victoria @SpeedleDum
Montagmorgen. Fühle mich wie eine Cracknutte. Allerdings sehen Cracknutten echt erholter aus und dürfen sich bei der Arbeit hinlegen.

Thiopental @ICEthunersee
Wie peinlich! Da will ich dem Kollegen »youporn« zeigen, und dann tippe ich doch tatsächlich versehentlich »youtube« ein!

Ich locke Wickler @worthort
»Wollen Sie mich auf den Arm nehmen!?« »Na gut Chef, kommen Sie her. Ich hatte ja keine Ahnung, dass es Ihnen so dreckig geht.«

Buch Lee @Buch_Lee
Hat eigentlich schon einmal jemand daran gedacht, kostenlose Duden statt des Korans zu verteilen? Ich sehe Bedarf bei meinen Kollegen.

EMona Lisa @ellyteration
Meine Urlaubsblocker, die ich meinen Kollegen in Outlook sende, setze ich immer mit Alarm auf 3.33 Uhr. Nicht, dass die mich vergessen.

a guy in the crowd @Zwischenfall
Vom Klo kommen und »I believe I can fly« trällern. Der Blick der Kollegen, unbezahlbar.

David Theis @David_Theis
Freitag Morgen. Ich scheuche Kollegen mit dem Segway über den Flur und rufe »Toutes vite!«

***Uschi*Wmb @UschiWmb**
Kollegin, die heute frei hat, ließ am Arbeitsplatz Lippenherpescreme zurück und bei mir den Wunsch, heute lieber mit Handschuhen zu arbeiten.

LaPierrot @IchBinJazz
Als Italienerin ist es übrigens mein gutes Recht, nach zwei Stunden Arbeit kaputt ins Bett zu fallen. Gene sind Gene sind Gene.

8 Bürokrankheiten und unorthodoxe Heilungsmethoden

1. **Bürostuhl**
   > Sauerkraut, Bohneneintopf, Homeoffice
2. **Weinkrampf**
   > Augenmassage, Wutanfall
3. **Amtsschimmel**
   > Flammenwerfer, Sagrotan, Effizienzoffensive
4. **Besenkammerflimmern** (nach Kaffeegenuss)
   > Ablage, Korrespondenz, Stabsmeeting
5. **Mailwurm**
   > Handschriften deuten, berittene Boten anheuern
6. **Toxische Papiere** (auch Excel-Vergiftung)
   > Abakus-Therapie, Topfschlagen, etwas malen
7. **Senile Schreibtischflucht**
   > Fußfessel, gratis Youporn-Account, Sekundenkleber
8. **Tipp-Exitus**
   > keine wirksame Therapie bekannt

Berühmtheiten*, die oft irrtümlich für Firmengründer gehalten werden

(*mehr oder weniger bekannt)

1. Harrison Ford (Fließbandarbeit)
2. Amy McDonald (Schnellbrat-Industrie)
3. Don King (Schnellbrat-Industrie-Nachahmer)
4. Volker Wassilevski (Volkswagner)

5. Oskar Lafontaine (Springbrunnen)
6. Bo Derek (Concept-Möbel & Tiefkühlspeisen)
7. Obi Wan Kenobi (Schrauben und Dübel)
8. Fiona Apple (Technik-Must-Haves)
9. Jochen Mitsubishi (Auto- und Technikkrimskrams)
10. Boris Becker (Kfz-Beschallung)

10 Kalendersprüche für Kollegen, die etwas einfacher gestrickt sind

Hast du bei einem Werk den Anfang gut gemacht, das Ende wird gewiss nicht minder glücklich sein.
Sophokles

Hast du bei einem Werk den Anfang schon verbockt, lass andere ran und geh nach Hause.
Apatholos, unmotivierter Schüler des Sophokles

Im Himmel gibt es einen Ort, da geht Word.
Steve Jobs, Softwaretester a.D.

Wenn die Arbeit ist getan, pendle nach Hause in der vollen Bahn.
Rüdiger Grube, Personenbeförderer

Im Büro hast du einen guten Freund, doch er heißt nicht Powerpoint.
Heinz Zibulski, Bereichsleiter Nord, Allianz LV

Der Tag wird schön mit Perlweinbrause, am besten ab der Mittagspause.
Rainer Brüderle, Wein- und Wirtschaftskenner

Hast du vor Kollegen Schiss, such dir Job mit Home-Office.
Vitali Klitschko, Spätaussiedler

Der Burn-out als Entschuldigung, geh' früher heim, das hält dich jung.
Peter Hartz, Charity-Lady a.D.

Ich schicke dir Freude und Barmherzigkeit, als Anhang, »Speichern unter«, es ist 1024x640 Pixel breit.
Mutter Teresa, Erziehungsberechtigte

Bedien' die Maus mit mehr Gefühlen, dreht sich die Kollegin auf den Stühlen zu dir tänzelnd hin, das meiste, passiert auch am Schreibtisch nur im Geiste.
Erhardt Heinz, Drehverworter

3 gute Antworten, warum man trotzdem ins Büro geht.

1. Weil dort die Amazon-Pakete hingeliefert werden.
2. Weil dort der Kaffee umsonst ist.
3. Weil dort das schnelle Internet ist.
   (*Disclaimer*: Falls sie zuhause schnelles Internet und billigeren Kaffee haben, können Sie alternativ die Kollegen bitten, Ihre Pakete zu Ihnen nach Hause zu bringen.)

AUTO-VERVOLLSTÄDIGUNG: DIE HÄUFIGSTEN SUCHVORSCHLÄGE IN IHREM FIRMEN-INTRANET

Sie kennen es von der intelligenten Google-Suchanfragen-Vervollständigung: Sie tippen die ersten Worte Ihrer Suche, und das Programm macht Ihnen automatisch Vorschläge für das, worauf Sie ja mit Sicherheit gerade hinaus wollen. Ist Ihr Firmennetzwerk mit einer solchen Suchfunktion ausgestattet, zeichnet sich bereits beim Tippen erster Fragewörter ein interessantes Bild von der Stimmung innerhalb der Belegschaft ab. Aufschlussreich für Chef und Angestellte gleichermaßen. Einige Beispiele aus großen deutschen Unternehmen:

Wo ist ...
- der Deinhardt?
- die Weihnachtsfeier?
- der nächste Aktenvernichter?
- mein Gehirn?
- der Chef, wenn man ihn braucht?
- meine Sekretärin, wenn ich sie brauche?
- das Bernsteinzimmer?
- hier der Ausgang?
- dieser »Schacht 2«, der angeblich kein Papier mehr hat?
- mein Auto?

Wie heißt ...
- meine Sekretärin mit Nachnamen?
- der Hund vom Chef?
- das Kind der Chefin?
- noch mal die Abteilung, wo die Brillenheinis sitzen, die machen, dass mein Computer wieder geht?

- mein Computer?
- die Gewerkschaft, die mich vertritt?
- der Laden hier noch mal?

Wann macht …
- die Kantine auf?
- die Kantine zu?
- der Chef Urlaub?
- der Job Spaß?
- man ein Fass auf?
- man besser keine Witze über die Konjunktur?
- es Sinn zu kündigen?
- hier mal jemand das Fenster auf?

Bin ich …
- schön?
- jetzt völlig bescheuert?
- gut in meinem Job?
- überbezahlt?
- unterbezahlt?
- bei den Kollegen beliebt?
- jetzt gefeuert?
- des Wahnsinns fette Beute?
- diesmal zu weit gegangen?

Kann man …
- DIN A4 auch in farbig drucken?
- irgendwo sehen, wer wie lange im Büro ist?
- irgendwo einen Mittagsschlaf machen?
- sich für zwei Jahre krank schreiben lassen?
- fragen, wer wie viel verdient?

- früher gehen, wenn man will?
- sich in der Kantine was wünschen?
- vom Hühnerfrikassee in der Kantine sterben?

Woraus besteht …
- das Hühnerfrikassee in der Kantine?
- der Sinn des Lebens?
- die Flüssigkeit in Kugelschreibern?
- Freundschaft?
- Kohlensäure?
- LCD?
- LSD?
- Mobbing?

Warum ist …
- mein Gehalt so niedrig?
- mein Gehalt noch nicht überwiesen?
- Hühnerfrikassee nicht verboten?
- die Chefin so gut gelaunt?
- mir so langweilig?
- es hier so kalt?
- das Fenster offen?
- die Banane krumm?
- hier kein Masseur angestellt?
- heute nicht schon Freitag?

Gibt es …
- einen Gott?
- mehrere Götter?
- heute Götterspeise?
- heute schon wieder Hühnerfrikassee?

- jemanden, der weiß, wie der Laden hier funktioniert?
- schon einen Nachfolger für mich?
- ein Leben nach dem Feierabend?
- einen Verhaltenskodex für Betriebsfeiern?
- modische Dienstkleidung?
- einen sympathischen Kollegen?

Was bedeutet …
- das rote Leuchten am Kopierer?
- das rote Leuchten in den Augen meiner Vorgesetzten?
- das rote Zeug, das immer im Hühnerfrikassee drin ist?
- »Personalfreisetzung«?
- »fristlos«?
- es, wenn an meinem Schreibtisch ein Fremder sitzt?
- es, wenn mein Schreibtisch nicht mehr da ist?
- unser Firmenlogo?

6 Gründe, woran Sie erkennen, dass Sie dringend Urlaub brauchen

1. Sie schicken sich Ansichtskarten aus der Kantine.
2. Sie rufen den Schlüsseldienst, weil der Büroschlüssel zu Hause nicht passt.
3. Ihr Bildschirmhintergrund zeigt geschlachtete Robbenbabys.
4. Sie laden Ihren Bürostuhl zum Geburtstag ein.
5. Sie wünschen sich im Radio Ihre Telefonschleifenmusik.
6. Ihr gewünschter Fortbildungskurs heißt »Jägermeister/IHK«.

ANSAGE VON OBEN

Gab es eine Phase in der Geschichte der Menschheit, die ohne Meetings auskam? Kann es sein, dass diese Zeit nicht schlechter aber vielleicht um einiges einfacher war? Gut, man musste Säbelzahntiger mit bloßer Hand erlegen können, aber das ist immerhin sportlicher, als Flipcharts beim Altern zuzuschauen. Wie kaum ein anderes Büroritual haben Meetings eine eigene Logik. Falls Sie eine Idee haben sollten, welche das ist, können Sie ein Buch drüber schreiben. Das verkauft sich wie eine Eins.

Dieses Kapitel stört nicht, wenn Sie es (in einen selbstgebastelten Umschlag aus Fachliteratur gehüllt) in einem Meeting lesen. Falls Sie vor Lachen vom Stuhl kippen, bleiben Sie entweder liegen oder entzünden Sie ein bengalisches Feuer zur Ablenkung.

»Geben Sie niemals dem Boss die Schuld! Er hat schon genug Probleme.« *Donald Rumsfeld*

»Die Stimmung kippt, wir brauchen Kanapees.«
Der Chef hat seine Meeting-Taktik verfeinert.

9 seltsame, erfundene, aber nicht unmögliche Formulierungen für demotivierende Chef-Ansprachen

1. »Meine Damen und Herren, liebe Arschlöcher.«
2. »Sie haben gezeigt, was sie können. Jetzt können Sie mich mal.«

3. »Der Vorstand ist der Meinung, hier muss sich etwas bewegen. Ihr Arsch vor die Tür zum Beispiel.«
4. »Wir stehen vor entscheidenden Monaten. Die Betonung liegt auf *scheidenden.*«
5. »Ihre Abteilung heißt deshalb so, weil wir sie abteilen. Und zwar endgültig.«
6. »Sie haben einen Lauf. Nach Hause gewonnen.«
7. »Die Abteilungsleitung ist eine Übergangslösung. Das heißt, wir lösen das, in dem wir sie übergehen.«
8. »Wenn Sie Sachen in den Sand setzen wollen, hätten Sie lieber Weitspringer werden sollen.«
9. »Meinungsfreiheit heißt, dass Sie meiner Meinung nach erst wieder frei haben, wenn ich hier tiefschwarze Zahlen sehe.«

Ein Problem, 20 Lösungen

Eine Weisheit der Dakota-Indianer besagt: »Wenn du entdeckst, dass du ein totes Pferd reitest, steig ab!« Schlau.

Der Chef aber hat das Zelt schon lange verlassen, die Apachenbraut Nscho-Tschi als Vorzeigedame eingestellt und sein Kriegsbeil zum Schleifen gebracht. Und mit dem Pferd ist er noch lange nicht fertig – gelernt ist eben gelernt! Hier sein Reaktions-Verlauf:

1. Wir besorgen uns eine stärkere Peitsche.
2. Wir sagen: »So haben wir das Pferd schon immer geritten.«
3. Wir gründen einen Arbeitskreis, um das Pferd zu analysieren.
4. Wir besuchen andere Orte, um zu sehen, wie man dort tote Pferde reitet.

5. Wir erhöhen die Qualitätsstandards für den Ritt auf toten Pferden.
6. Wir bilden eine Task-Force, um das Pferd wiederzubeleben.
7. Wir kaufen Leute von außerhalb ein, die angeblich tote Pferde reiten können.
8. Wir schieben eine Trainingseinheit ein, um besser reiten zu können.
9. Wir stellen Vergleiche unterschiedlicher toter Pferde an.
10. Wir ändern die Kriterien, die besagen, wann genau ein Pferd tot ist.
11. Wir schirren mehrere tote Pferde gemeinsam an, damit wir schneller werden.
12. Wir erklären: »Kein Pferd kann so tot sein, dass wir es nicht mehr reiten können.«
13. Wir machen eine Studie, um zu sehen, ob es bessere oder billigere Pferde gibt.
14. Wir erklären, dass unser Pferd besser, schneller und billiger tot ist als andere Pferde.
15. Wir bilden einen Qualitätszirkel, um eine Verwendung für tote Pferde zu finden.
16. Wir richten eine unabhängige Kostenstelle für tote Pferde ein.
17. Wir vergrößern den Verantwortungsbereich für tote Pferde.
18. Wir entwickeln ein Motivationsprogramm für tote Pferde.
19. Wir erstellen eine Präsentation, in der wir aufzeigen, was das Pferd könnte, wenn es noch leben würde.
20. Wir strukturieren um, damit ein anderer Bereich das tote Pferd bekommt.

Sinnestäuschung

Chef zu den Konferenzteilnehmern: »Oh mein Gott, Sie klingen ja total vernünftig und intelligent! Ich muss dringend meine Medikamente nehmen.«

10 Dinge, die jedes Meeting interessanter machen

1. Bringen Sie eine Handpuppe mit, am besten ein Tier. Bitten Sie es in Gegenwart aller, schwierige Themen anzusprechen.
2. Stehen Sie auf, stemmen Sie die Arme in die Hüften und tun Sie empört. Verlangen Sie, der Chef solle endlich mit dem »wahren« Grund für dieses Meeting rausrücken.
3. Jedes Mal, wenn Ihr Chef im Meeting etwas Wichtiges (bzw. etwas aus seiner Sicht Wichtiges) sagt, täuschen Sie einen Orgasmus vor.
4. Verschütten Sie Kaffee auf dem Konferenztisch. Falten Sie ein kleines Papierboot aus einem Post-it und lassen Sie es den Tisch entlangsegeln.
5. Laden Sie eine ärmlich gekleidete junge Frau mit einem Baby zum Meeting ein. Wenn Sie den Raum betritt, starren Sie den (männlichen) Chef vorwurfsvoll an. Brechen Sie dann in Tränen aus und verlassen Sie den Raum.
6. Beschweren Sie sich lautstark, dass Ihr Tischnachbar Sie die ganze Zeit angrabbelt. Verlangen Sie vom Chef, er solle ihm befehlen, sofort damit aufzuhören.
7. Zwinkern Sie jemandem am Tisch heimlich zu. Tun Sie dies nacheinander mit allen Anwesenden. Während jemand spricht, schütteln Sie den Kopf ein wenig, als wäre derjenige leicht gestört und alle wüssten es.

8. Bringen Sie einen Riesenstapel Ausdrucke von Excel-Tabellen mit ins Meeting, wenn möglich mit einigen Broschüren durchmischt. Jedes Mal, wenn jemand einen wichtigen Punkt anspricht, tun Sie so als würden Sie die Aussage in den Papieren nachschlagen. Geben Sie vor, eindeutige Beweise für das Gesagte darin zu finden. Nicken Sie energisch und sagen Sie bestätigend: »Hmm, hmm.«
9. Wenn zum Ende des Meetings der Satz »Alles klar, noch irgendwelche Fragen?« fällt, legen Sie die Füße auf den Tisch, lächeln Sie selbstzufrieden und sagen Sie: »So, jetzt sag ich dir mal, wie *ich* die ganze Chose sehe, Horst …« (oder irgendein anderer Vorname, der *nicht* der Ihres Chefs ist).
10. Wenn das Meeting zu Ende ist, bleiben Sie als einziger sitzen und danken Sie allen fürs Vorbeischauen.

Wie der Laden so läuft

Organisation, so lautet ein Merksatz für Management-Novizen, ist vor allem eine Frage der Auslegung. Interpretationen im Einklang mit der persönlichen Wahrnehmung sind der Stoff, aus dem Weisungsdiagramme und Befehlskettenschemata gemacht werden. Wenn Sie dachten, Ihr Unternehmen sei ein sauber durchdachtes Ökosystem, in dem sämtliche Interaktionsbeziehungen sinnvoll und logisch durchstrukturiert sind, dann fragen Sie mal Ihre Kolleginnen und Kollegen nach ihrer Vorstellung vom Organigramm der Firma. Hier das erschütternde Ergebnis einer abteilungsübergreifenden Umfrage in einem durchschnittlichen mittelständischen Unternehmen, irgendwo in Deutschland.

Organigramm
(aus Sicht des Chefs)

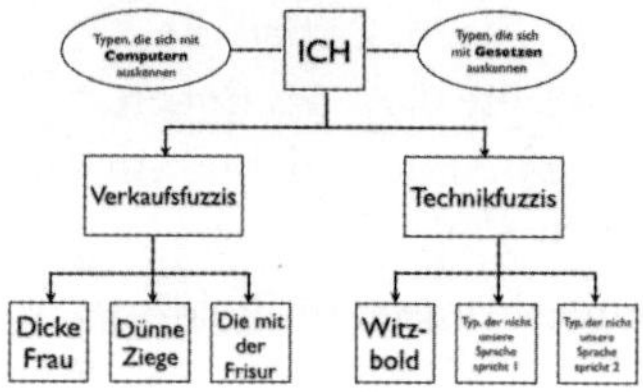

Organigramm
(aus Sicht der Rechtsabteilung)

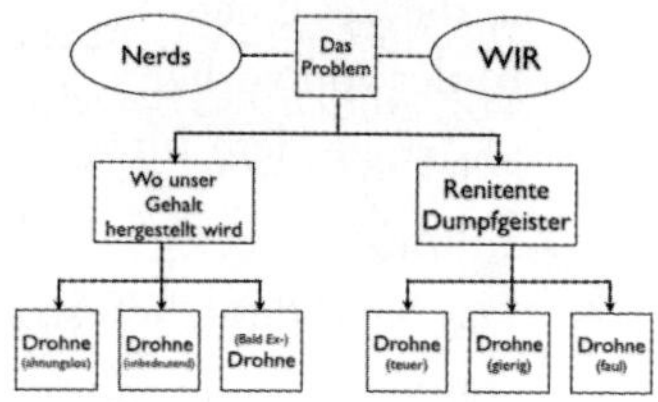

Organigramm
(aus Sicht der IT-Abteilung)

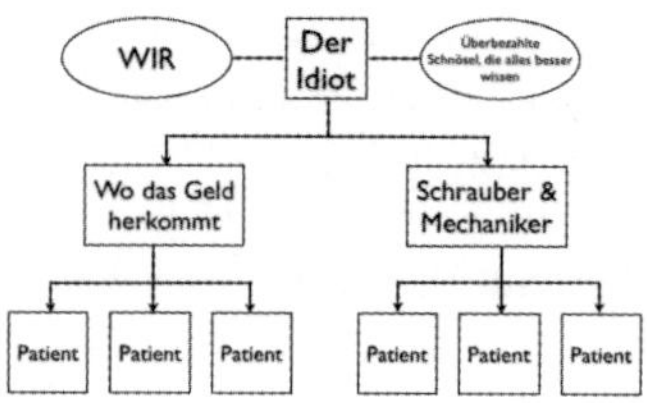

Organigramm
(aus Sicht der kaufmännischen Leitung)

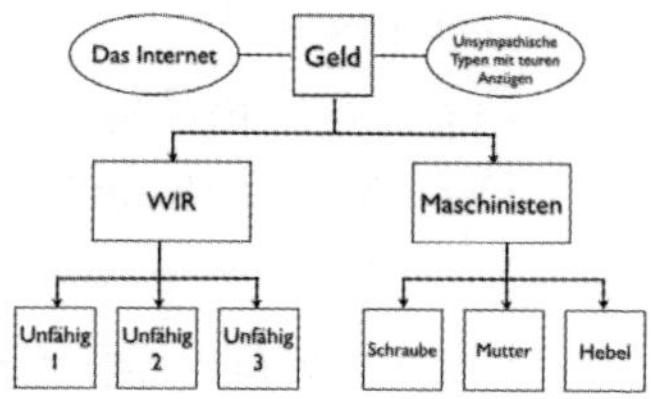

Organigramm
(aus Sicht der technischen Leitung)

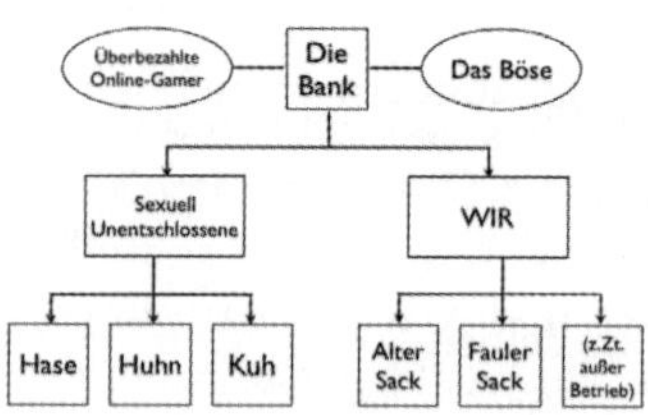

Organigramm
(aus Sicht des Angestellten)

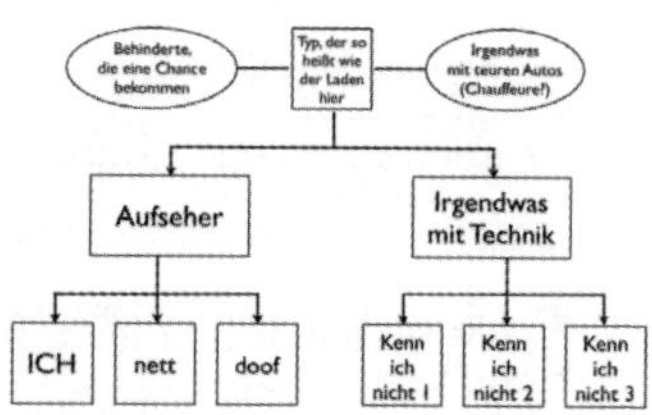

10 Gründe, warum ein Meeting endet

1. Alle sind derselben Meinung, nämlich
   a) der des Chefs.
   b) der von vorher.
   c) der aus dem Intranet.
2. Das iPhone vom Chef hat nur noch 4% Akku.
3. Das Kind des Chefs sitzt nach einer Prügelei im Rektorzimmer.
4. Der Chef glaubt,
   a) er steht im Wald.
   b) sein Schwein pfeift.
   c) es geht los.
5. Es gibt Schnitzel.
6. Der Konferenzraum ist reserviert.
7. Niemand kommt von der Raucherpause zurück.
8. Herzanfall (Quartalszahlen)
9. Stimme des Chefs versagt (Schreikrampf)
10. Razzia

»Wir sind hier nicht in Pjöngjang, sondern immer noch in einem Konferenzraum!«
Der Chef über Demokratie

»Wir ziehen hier ab sofort alle am selben String.«
Über die Führungsphilosophie am Ende der Betriebsfeier in der Table-Dance-Bar

IM ANGESICHT DES B ... ESSER VERDIENENDEN

Die Gelegenheiten, Ihrem Chef Auge in Auge gegenüber zu treten, um mal nicht übers Geschäft, sondern über »Ihre Perspektiven« oder »(Rest-) Chancen« zu sprechen, sind das Highlight des Jahres. US-Wissenschaftler unterschiedlichster Universitäten haben bislang allerdings noch nicht herausgefunden, für wen eigentlich. In den seltensten Fällen gehen diese Klausurgespräche für den Unterstellten gut aus. Meist darf man sich mit einer lange geplanten Entscheidung abfinden, einen Anschiss abholen oder den Gehaltserhöhungswunsch abschmettern lassen.

Dieses Kapitel hilft Ihnen, dem ganzen den nötigen Spaß abzugewinnen und vielleicht ausnahmsweise mal triumphierend aus dem Personalgespräch herauszugehen. Auch wenn es vielleicht das letzte war. Oder auch: das Letzte.

Perspektive

Angestellter zum Chef: »Ich wollte Sie noch mal auf meine Gehaltserhöhung ansprechen ...«

Chef: »Ich sagte ›Vielleicht‹, und dabei bleibt's!«

ABMAHNUNGEN – ein Lückentext

Sie haben einen Bock geschossen? Verdammt. Oder Sie »kennen« jemanden, der einen Bock geschossen hat? Besser.
Dann können sie sich hier im Kreis ihrer ebenfalls gerade gelangweilten Kollegen zusammensetzen und für den- oder diejenige ein illustres Schreiben formulieren. Basteltipp: Briefkopf des Vorstands verwenden!

Sehr geehrte/r Herr/ Frau...,

wir haben

( ) festgestellt,

( ) von ihren Kollegen gesagt bekommen,

( ) in Ihren Mails gelesen,

( ) im Intranet gesehen,

( ) uns ausgedacht,

( ) Zeit und Lust, ihnen vorzuwerfen,

( ) nichts Besseres zu tun als festzuhalten,

dass Sie am (Datum)

( ) wiederholt stark alkoholisiert ihren Schreibtisch (auf)suchten.

( ) wiederholt mit dem Satz »wer saufen kann, kann auch ausschlafen« ihr Zuspätkommen entschuldigt haben.

( ) erneut versucht haben, das Internet komplett auszudrucken.

( ) unsere langjährige Kundschaft mit »Hereinspaziert, ihr Schmarotzer!« auf dem Firmenjubiläum begrüßt haben.

( ) die Empfangsdame, Frau (...), durch Bekleben mit Post-its zum »mobilen Schwarzen Brett« umfunktionieren wollten.

( ) versucht haben, ihre Sammlung illegaler Mitschnitte von Kino-Blockbustern der letzten 20 Jahre auf ihrem Dienstrechner zu verwalten und zu sharen.

( ) ihre vermehrt auftretenden »offenen Brüche« selbst operierten, um sich monatelang krank zu schreiben.

( ) ihr Spiderman-Kostüm zur Dienstkleidung gemacht haben.

( ) ihr Lichtschwert fachfremd zum Öffnen von Fischkonserven benutzt haben.

( ) das Büro ohne die verpflichtende »Hose« verlassen haben.

Eine plausible Erklärung für Ihr Verhalten haben Sie bislang nicht vorgetragen. Sie haben damit Ihre Pflichten aus dem Arbeitsvertrag

( ) wiederholt

( ) erneut

( ) krass

( ) relativ uncool

( ) nachhaltig

( ) unsouverän

( ) souverän

( ) ziemlich kreativ

verletzt.

Dieses Fehlverhalten

( ) nehmen wir nicht hin.

( ) geht auf keine Kuhhaut.

( ) sollte uns mal passiert sein.

( ) haben wir schonmal besser gesehen.

( ) war wohl nicht zu Ende gedacht.

( ) hat durchaus komische Züge.

( ) haben wir ihnen zugetraut.

Hiermit mahnen wir Sie aufgrund Ihres Verhaltens ab und bitten Sie vielmehr

( ) dringend,

( ) asapst,

( ) zeitnah,

( ) wenn sie es einrichten können,

( ) wenn's kein Stress ist,

sich an Ihre Verpflichtungen aus dem Arbeitsvertrag zu halten.

Wir weisen ausdrücklich darauf hin, dass wir uns andernfalls gezwungen sehen, Sie

( ) zu kündigen.

( ) zu fragen, was hier eigentlich los ist?

( ) zu versetzen.

( ) zu befördern.

( ) zu kitzeln.

( ) erstmal ausschlafen zu lassen.

Bitte bestätigen Sie uns den Empfang dieser Abmahnung auf der beigefügten Kopie, die zu den Personalakten genommen wird. Eine weitere Kopie dieses Briefes hat

( ) der Betriebsrat

( ) Ihr Lebenspartner

( ) Ihre Sparkasse

( ) Ihre Mutter

( ) Ihre Abteilung

( ) niemand so recht

zur Kenntnis erhalten.

Mit freundlichen Grüßen,

.... *(Arbeitgeber)*

Hiermit bestätige ich, die vorstehende Abmahnung zur Kenntnis erhalten zu haben.

.... *(Arbeitnehmer, Ort, Datum)*

Anfrage vom Betriebsrat:

Sehr geehrter Herr Abteilungsleiter,

kann es sein, dass sie nicht alle Mitarbeiter in Ihrem Team mit der gleichen Aufmerksamkeit versehen?

AW: Lieber Betriebsrat, meinen sie Herrn Jürgler, Frau Doblowski oder den Fetten vom ersten Tisch?

Die 10 größten Fehler im Personalgespräch

1. Sie verlassen sich darauf, dass Ihr Chef an Ihnen interessiert ist.
2. Sie verlassen sich auf Ihre guten Ideen.
3. Sie verlassen sich auf Ihren Humor.
4. Sie verlassen sich auf Ihre Erfolge.
5. Sie verlassen sich auf Ihre vorbildliche Einstellung.
6. Sie verlassen sich auf Ihre Sprachkünste.
7. Sie verlassen sich auf den Leumund Ihrer Kollegen.
8. Sie verlassen sich auf informelle Zusagen.
9. Sie verlassen das Chefbüro nicht.
10. Sie haben vorher »Die 10 größten Fehler im Personalgespräch« gegoogelt.

Mini-Bullshit-Bingo fürs Gehaltsgespräch*

Ausdrucken und verdeckt ankreuzen. Wer zuerst eine Begriffsreihe quer, längs oder diagonal bildet, schreit »Bullshit!« und hat gewonnen. Nach dem Bullshit-Ruf den Zettel auf den Tisch legen und das Betriebsgelände möglichst schnell verlassen.

Tipp: Vorher Resturlaub nehmen.

Wirtschaftskrise	Subventionskürzungen	Neustrukurierung	Gleichstellung
Überstunden	Output-Level	Abmahnung	Defizit
Chance	Neuorientierung	Kundenverhältnis	Outsourcing
Mehraufwand	Leistungsgesellschaft	Überstunden	Missmanagement

Politisch korrekt am Arbeitsplatz

Chef: »Hey, Mustafa, machen Sie doch noch mal Erkan und Stefan nach, da könnt ich mich jedesmal totlachen. Haha! So ›Alder, krass!‹ Haha!«

Mustafa: »Das hab ich noch nie gemacht. Das war wohl jemand anders.«

Chef: »Oh. Dann war das der andere …«

Mustafa: »Der andere was? Der andere ›Kanake‹?«

Chef: »Hey, jetzt werden Sie mal nicht ausländerfeindlich!«

19 Bücher im Regal ihres Chefs und was sie über ihn/sie aussagen (sollen)

DUDEN – Die deutsche Rechtschreibung (1999)

- Eigentlich mache ich keine Fehler.
- Hier gilt absolute Genauigkeit.
- Was früher richtig war, kann immer noch stimmen.

FAUST – Teil 1 (Johann Wolfgang von Goethe)

- Sie wissen nicht, zu was ich fähig bin.
- Sie wissen nicht, mit wem ich gerade verhandle.
- In meiner Brust schlagen zwei Herzen.
- Sag, wie hältst du es mit der Religion?

1.000 ganz legale Steuertricks (Konz)

- Hier zählt jeder Cent.
- Alles geht über meinen Tisch.
- Was ihr könnt, kann ich schon lange.

Ich hab's allen gezeigt (Stefan Effenberg)

- Bücher sind mir egal, das ist ein Geschenk.
- Ich bin Fan von Bayern München/Borussia Mönchengladbach/Vfl Wolfsburg/AC Florenz/al-Arbabi.
- Ich bin ein Tiger.

Ganz unten (Günter Wallraff)

- ... ist, wo Sie landen, wenn Sie nicht tun, was ich sage.
- Ich hab mich hochgearbeitet.

- Ich hab mich hochgeschlafen, möchte aber nicht, dass das jemandem auffällt.
- Ich esse gerne bei McDonald's.
- Ich habe das Wort »Enthüllungsjournalismus« falsch verstanden.

Warum Männer nicht zuhören und Frauen nicht einparken können (A. und B. Pease)

- Hat mir meine Frau/mein Mann geschenkt.
- Hat mir die Gleichstellungsbeauftrage geschenkt.
- Ich HASSE Gleichberechtigung.
- Ich weiß bei Betriebsfeiern nie, worüber ich mich unterhalten soll.

Die kleine Raupe Nimmersatt (Eric Carle)

- Ich hielt das für einen Karriereratgeber für Manager.
- Kinder sind mir sehr wichtig.
- Raupen sind mir sehr wichtig.
- Ich wünschte, sie könnte für immer eine Raupe bleiben.

Playboy – The Complete Centerfolds: Alle Playmates von 1953 bis 2007 (Hugh M. Hefner)

- Ich schätze die inhaltlichen Qualitäten von weiblichen Mitarbeiterinnen.
- Nach außen müssen wir immer ein fehlerloses Image transportieren.
- Ich sammle gerne.
- Ich schwelge in der Vergangenheit.
- Hauptsache, die Bluse ist offen.

BGB – Das Bürgerliche Gesetzbuch
- Hier geht alles mit rechten Dingen zu. Doch, wirklich.
- Ich weiß auch, wo die Grenzen sind.
- Ich wollte auch mal Jura studieren.

Der Große Brockhaus in 20 Bänden
- Wikipedia? Nie gehört.
- Ich sammle seltene Blütenpflanzen.
- Mein Abitur war überdurchschnittlich, ich wurde belohnt!
- Es ist gut, wenn alles seine Ordnung hat.

Hardenbergs Opernführer
- Wo haben Sie eigentlich studiert?
- Fußball-Ergebnisse interessieren mich überhaupt nicht.
- Facere docet philosophia, non dicere.

Bilanzbuchhaltung für Dummies
- Alle Belege (sofern auffindbar) bitte irgendwo hinlegen.
- Wir schauen jetzt mal, wie es so läuft und dann kommt's drauf an, was rauskommt.
- Die Steuerberatung können wir uns gerade nicht leisten.

Der Fürst (Niccolo Macchiavelli)
- Viel Feind – viel Ehr'.
- Ich mache mir Gedanken über meine Nachfolge.
- Das Latinum hat noch keinem geschadet.

Die Kritik der reinen Vernunft (Immanuel Kant)
- Hä?

- Nicht nur sauber, sondern rein.
- Ich bin ein Mensch, der gerne mal lacht.
- Ich bin ein Interlecktuleller.

Der Herr der Ringe Trilogie (J.R.R. Tolkien)

- So geht herrschen!
- Controlling ist alles.
- Ich lebe in einer Fantasiewelt und brauche Hilfe.
- Ich bin von zu kurz geratenen Gefährten umgeben.

Ich bin dann mal weg (Hape Kerkeling)

- Ich geb dem Laden maximal noch ein Jahr.
- Seit meinem Burn-out lasse ich am liebsten andere für mich arbeiten.
- Irgendwann schreib ich ein Buch über die ganze Geschichte.
- Ich mag Jakobs-Muscheln.

Zwei Leben (Samuel Koch)

- Ich war früher Fan von Wetten, dass …
- Nicht jedes Risiko wird belohnt.
- Jeder bekommt eine zweite Chance.
- Die erste Chance ist manchmal irgendwie die bessere.

Sei schlau, stell dich dumm (Daniela Katzenberger)

- Schlaaaaand!
- Bier her, oder ich fall' um!
- Finger im Po – Mexiko!
- Was du nicht willst, das man dir tu', das füg' auch keinem anderen zu.
- Ich habe den Titel dieses Buches mehr als verinnerlicht

Brief an die Personalabteilung

1. E-Mail:

Lieber Chef,

mein Assistent, Herr Meyer, ist immer dabei,
seine Arbeit zu tun, und das sehr eifrig, ohne jemals
seine Zeit mit Schwätzchen zu verplempern. Nie
lehnt er es ab, anderen zu helfen, und trotzdem
schafft er sein Arbeitspensum; oft bleibt er länger
im Büro, um seine Arbeit zu beenden. Er arbeitet sogar
in der Mittagspause. Mein Assistent ist jemand ohne
Überheblichkeit in Bezug auf seine überragenden
Fachkenntnisse. Er ist einer der Kollegen, auf die man
stolz sein kann und auf deren Arbeitskraft man nicht
gern verzichtet. Ich denke, dass es Zeit wird für ihn,
befördert zu werden, damit er nicht auf den Gedanken kommt,
zu gehen. Die Firma kann davon nur profitieren.

2. E-Mail:

Lieber Chef,

als ich vorhin meine erste E-Mail an Sie geschrieben habe, stand mein Assistent dummerweise neben mir. Bitte lesen Sie meine erste Nachricht noch einmal, aber diesmal nur jede zweite Zeile.

Vielen Dank

Bezwingende Chef-Logik

»Ich habe nicht gesagt, es war Ihr Fehler. Ich sagte, ich würde Sie dafür verantwortlich machen!«

AM ENDE DES TAGES ...

Strich drunter, es ist Zeit für die Abrechnung. Die gesammelten Ergebnisse der Sinnfragen (vgl. Kapitel »Alles. Außer Arbeit.«) haben Sie motiviert. Vielleicht für den Job als solchen – aber gern auch woanders. Mobilität ist ja auch eine Grundvoraussetzung für den modernen Arbeitnehmer! Also nehmen Sie sich einen Sack voll Mut und gehen Sie oder arbeiten Sie daran, dass ihre hauptsächlichen Nervtöter das Weite suchen.

Dieses Kapitel versammelt verdammt verlässliche Tipps für die letzten Stunden. Dramatik pur.

Politik der offenen Tür

»Meine Politik der offenen Tür schließt NICHT die Benutzung der Tür mit ein. Es sei denn, Sie wollen kündigen.«

Kündigungsschutz: 10 geheimdienstbewährte Codenamen für Chefs, falls jemand Ihre Lästereien mithört

Für ihn:

1. »Nummer null«
2. »El Gekko«
3. »Häuptling lange Leitung«
4. »Der Debilator«
5. »Adler Horst«
6. »Der Boss-Porus«
7. »König Floskelbart«
8. »Paulchen Planlos«
9. »Käpt'n Cholerik«
10. »Haxe«

Für sie:

1. »Ebola«
2. »Fräulein Fauch«
3. »Die Seuche«
4. »Marie Antoinette«
5. »Die Gefahr«
6. »Die Krux«
7. »Di(e) Va«
8. »Meningitis«
9. »La Traviata«
10. »Kosename der Ehefrau«

10 praktische Ausreden, falls Sie beim Nickerchen im Büro erwischt werden

1. »Verdammt! Warum stören Sie mich? Ich hätte beinahe die Lösung für unser gößtes Firmenproblem gehabt.«
2. »Ich schlafe nicht! Ich meditiere über unsere Firmenphilosophie und entwickle eine neue Unternehmensvision.«
3. »Hui! Ich hab wohl das Tipp-Ex offen stehen gelassen.«
4. »Man hat mich beim Blutspenden gewarnt, dass das passieren könnte.«
5. »Ich versuche meine Kontaktlinse einzusetzen – ohne Hände.«
6. »Das ist eine spezielle Yogatechnik, um arbeitsbedingten Stress abzubauen.«
7. »Amen.«
8. »Junge, Junge – diese Erkältungsmedizin, die ich gestern genommen habe, hat's aber in sich.«
9. »Das ist eins der sieben Geheimnisse des Tao für mehr Effektiviät am Arbeitsplatz.«
10. »Ich habe einen 15-Minuten-Power-Nap zur Effektivitätssteigerung eingelegt. (Das habe ich im letzten Manager-Seminar gelernt, zu dem Sie mich geschickt haben.)«

7 Facebook-Sprüche für den (wirklich) letzten Arbeitstag

- Ich bin dann mal weg. (0 Likes)
- Sag zum Abschied leise Servus. (2 Likes)
- Ab morgen kenn ich keinen von euch Pfeifen mehr. (4 Likes)

- Ich hatte schon letztes Jahr die Schnauze voll. (8 Likes)
- Wir sehen uns bestimmt bald wieder. (32 Likes)
- Ich glaube nicht an die Zukunft von *(hier Branche einsetzen)* (6 Likes)
- In der Küche steht Freibier. (112 Likes)

10 Rezepte, um Konflikte mit Ihrem Vorgesetzten kündigungsfrei zu lösen.

Russisch Tod

Drei georgische Freiheitskämpfer a.D., ein Schweizer Taschenmesser (Kosten: ca. 300 Euro und eine Kiste Wodka)

Rat-a-touille

Eine Dose Rattengift, eine Schaufel, eine Plastikplane (Kosten: ca. 50 Euro, gesehen bei Hornbach)

Der fliegende Holländer

5 Gramm Marihuana, eine Jefferson-Airplane-CD, ein Parkhausdach (Kosten: je nach Qualität zw. 50 und 100 Euro, inkl. Parkgebühren)

Schöner Westerwald

3 Fliegenpilze, eine Dose Erbseneintopf »Hubertus«, eine Jagdhütte (Kosten f. 1 Wochenende: ca. 120 Euro p.P.)

Sweet Sensation

Eine Sahnetorte (mind. 30 cm hoch, beim Konditor rechtzeitig vorbestellen), 50 Gramm C4-Sprengstoff (Kosten: ca. 150 Euro)

Der Quantensprung

Ein Erlebnisgutschein für einen Fallschirmsprung (solo), ein Teppichmesser, einen Spachtel zur Beweismittelvernichtung (Kosten: ca. 200 Euro)

Wilhelm Hell

Eine verzogene Armbrust, ein Apfel (Kosten: ca. 180 Euro)

Metaxa-Platte

Eine Grillplatte »Spezial« vom Griechen an der Ecke, ein Liter Brennspiritus, ein Stabfeuerzeug (Kosten: ca. 40.000 Drachmen)

DHL Overnight Kurier

20 Gramm Morphium, 8 Rollen Packpapier, 2 Rollen Industrieklebeband, Überseeporto (Kosten: je nach Zielland zw. 40 und 120 Euro. Empfehlungen: Iran, Nordkorea, Tadschikistan)

Pizza Finito

Ein Sack Beton, zwei Holzformen in Schuhgröße, ein Stuhl, ein Strick, ein ausreichend hydriertes Naherholungsgebiet (Sumpf, Gebirgssee). *Tipp*: beim Transport Gewicht berücksichtigen (Kosten: ca. 90 Euro plus Leihgebühr für den Transporter, ADAC-Mitglieder sollten nach Rabatt fragen)

»›Wir freuen uns auf Ihren Besuch‹ heißt nicht, dass wir uns darauf freuen, Ihren Besuch zu empfangen. Sagen sie das ihrer Patentante!«

Platz 108.982 der familienfreundlichsten Unternehmen.

Das Arbeitszeugnis

Schluss mit den Lobhudeleien – warum nicht einfach mal sagen, was Sache ist? Kaum ein Arbeitgeber schreibt das Arbeitszeugnis heute noch selbst. Nahezu immer werden Sie gebeten, den Text vorzuformulieren. Nutzen Sie also die Chance! Falls sie sich entschieden haben, danach Frühpensionär, Millionär oder Rebellenführer zu werden oder an irgendeiner RTL-Sendung teilzunehmen, finden Sie hier hilfreiche Formulierungshilfen:

- ( ) Frau Mustermann
- ( ) Herr Mustermann
- ( ) Herr Kommichheutnicht
- ( ) Frau Kommichmorgen
- ( ) *ihr eigener Name*

erledigte die ihm/ihr übertragenen Aufgaben

- ( ) stets zu unserer vollsten Zufriedenheit.
- ( ) stets zu ihrer/seiner vollsten Zufriedenheit.
- ( ) gleich nach der Zigarette.
- ( ) meistens irgendwann.
- ( ) im Halbschlaf auf der Bürotoilette.

Er/Sie arbeitete sich

- ( ) sehr schnell
- ( ) schneller als die anderen Pfeifen
- ( ) unter massiver Hilfe
- ( ) nach mehrmaliger Aufforderung
- ( ) gleich nach der Zigarette

in alle Arbeitsbereiche ein und konnte

- ( ) schon bald sehr gute eigenständige
- ( ) einigermaßen eigenwillige
- ( ) Sachen, die mein Sohn mit 3 kann, nicht als Resultate erzielen.

Er/Sie verfügt über
- ( ) exzellente Fachkenntnisse.
- ( ) eine penetrante Art.
- ( ) eine mit Einzellern konkurrierende Auffassungsgabe.
- ( ) eine herrvoragende Eigenmotivation in Bezug auf selbstständiges Einleiten des Feierabends.

Die vereinbarten Ziele hat Herr/ Frau Mustermann
- ( ) zumeist noch übertroffen.
- ( ) schon morgens kritisch hinterfragt.
- ( ) am liebsten bei Facebook gepostet.
- ( ) von netten Kollegen erfüllen lassen.

Jederzeit war Herr/Frau Mustermann zudem bereit,
- ( ) zusätzliche Aufgaben zu übernehmen.
- ( ) später zu kommen.
- ( ) früher zu gehen.
- ( ) den Büroalltag durch Fangesänge aufzuwerten.
- ( ) Praktikanten ihren Job machen zu lassen.
- ( ) die Kaffee-Kasse zu veruntreuen.

Kollegen und Vorgesetzte konnten sich stets auf ihn/sie verlassen. Wegen seines/ihres freundlichen Wesens und seiner/ihrer kollegialen Haltung war er/sie bei Vorgesetzten und Mitarbeitern
- ( ) gleichermaßen beliebt und geschätzt.
- ( ) ein unbeschriebenes Blatt.
- ( ) auf Betriebsausflügen ein gerngesehener Nebensitzer.
- ( ) »der/die mit den Zigaretten«.

Herr/Frau Mustermann verlässt unser Unternehmen auf eigenen Wunsch. Wir

- ( ) bedauern
- ( ) freuen uns über
- ( ) denken, dass es Zeit war für diesen Schritt und

danken ihm/ihr für die

- ( ) hervorragende
- ( ) …
- ( ) normale
- ( ) schwer rekonstruierbare
- ( ) alles in allem najasiewissenschon

Zusammenarbeit. Für Ihre berufliche und private Zukunft wünschen wir alles Gute und weiterhin viel Erfolg.

Zeugnisse

Jetzt aber mal im Ernst. Sie haben DIE Geschäftsidee? Niemand kann Sie stoppen? Oder: Ihre Frau ist weggelaufen? Ihre Kinder nehmen keine Schokolade mehr von Ihnen an? Das Viskose-Sakko beult an allen Ecken? Im Klartext: Sie haben nichts mehr zu verlieren?

Hier ein paar wirklich nützliche Zeilen fürs Arbeitszeugnis (das Sie eh selber schreiben müssen).

- XY hat durch eigene Ideen laufend den Workflow reorganisiert … *(Bedeutung: Wer saufen kann, kann auch ausschlafen.)*
- XY hat ihm übertragene Aufgaben zielgerichtet an Unbeteiligte delegiert. *(Bedeutung: Faul, aber schlau.)*

- XY hat durch konsequentes Nutzen der Büromittelfunktionen wichtige Belastungshinweise für o.g. Industriezweige gesammelt. *(Bedeutung: Es ist bewiesen, dass Bürostühle maximal zwei Stürze aus dem dem vierten Stock unbeschadet überstehen.)*
- XY hat einen ausgeprägten Sinn für Nachwuchskräfte und auch in Extremsituationen stets ein offenes Ohr. *(Bedeutung: Ich habe die schicke Praktikantin nach der Weihnachtsfeier gut angeheitert bis in ihre Wohnung gebracht und am nächsten Morgen sorgfältig ein Verlautbarungs-Wording abgestimmt.)*

Kleiner Ratgeber für Firmengründer, welche Namen **nicht** für Start-ups geeignet sind

Die hier aufgeführten Unternehmen existieren übrigens wirklich. Falls sie noch existieren.

Dunekacke & Wilms, Importeur für Chinasoßen

Marco-Polo-Insidertipp: Menü 35 – Abteilungsleitel stinksauel.

Johannes Machleid, Kleintierklinik

Spezialität: Kindern den Spaß an der Tierquälerei zurückgeben.

Gisela von Hinten, Sexualberatung

Öffnungszeiten: Lang und breit.

Kloster St. Johannis ev. Damenstift, Domina

Hart, aber herzlich.

Frauenschläger GmbH

Nicht vergessen: Am 14. Mai ist Muttertag.

Möslein GMBH

Besonders ungeeignet für Fisch Import & Export.

Immobilienmakler Fa. Theuerkauff & Partner
Die Partner sind übrigens die Herren Wucha, Preystreyber und Abts-Ocker

Firma Hirn, Futtermittel
Der Wahnsinn! Wir futtern alles.

Tanzschule Hinkelbein
… und fünf, sechs, fünf, sieben, acht und Cha-Cha-Cha!

Balletschule Holzschuh
Wie der Schreiner tanzt keiner.

Schülerspezialverkehr Ingrid Wix
Im Angebot: Erotische Literatur für die Klassen 6–8

Tattoostudio Pein
Da schmerzt das Arschgeweih doppelt.

Windel GmbH & Co. KG, Süßwaren
»Machen Sie sich ihre Tüte randvoll!«

Wucher & Co. GmbH
Schnelle Kreditvermittlung ohne SCHUFA.

Brennerei E. Durst
Schnaps, der dahin kommt, wo der Chef herkommt.

Carl Wildbrett, Spezial-Fabrik für echtes Haut-Pergament
Wenn Sie aus der Haut fahren, ist das keine Dienstreise.

Hund u. Winsel OHG
Bellen gehört zum Geschäft.

Fleischerei u. Großküchenbedarf Curt Hunger
Und noch immer ist Hunger der beste Koch.

Wüst-Design GmbH
Corel-Draw ist unereicht.

Geldschläger Handels-GmbH
Diese 75-Euro-Scheine haben eine Tracht Prügel aber auch echt verdient.

G. Poppen, Gummidichtungen
Jetzt auch in den Geschmacksrichtungen: Erdbeer, Freibad und Feuerwehr.

Möbel Morsch
Keine Garantie auf Schaukelstühle.

POPO Sitzmöbel
Das komplette Sortiment ist für'n Arsch.

Büro für Baustatik Ing. Horst Morsch
Der heißt wirklich so. Horst. Haha.

Wilfried Wasserfuhr, Austrocknungssysteme
Keiner ist schneller im Keller.

Bettengeschäft Betten-Bockhart
Hier liegen Sie richtig!

Heizmaterial R. Ruß
Einstellungsmerkmal: Schwarzer Humor.

Reifen Blank GmbH
Sucht noch Mitarbeiter mit dem richtigen Profil.

Versicherungsagentur M. Schadenfroh
Sorgt auch für Spott.

Weizen- Roggen u. Dinkelprodukte Vollhardt
Hier beißen sich die Kunden seit Jahren die Zähne aus.